32 款优雅的
家居蕾丝钩织

附简单易懂的蕾丝钩织基础教程

日本宝库社　编著　　蒋幼幼　译

河南科学技术出版社
· 郑州 ·

目 录

※ 本书编织图中未标明单位的数字以厘米（cm）为单位

奥林巴斯 Emmy Grande
棉100%　50g/团　约218m　47色
　　　100g/团　约436m　3色
※本书作品中标注的是50g装的使用团数。

奥林巴斯 Emmy Grande（Herbs）
棉100%　20g/团　约88m　18色

奥林巴斯 金票40号蕾丝线（纯色）
棉100%　50g/团　约445m　49色
　　　10g/团　约89m　48色
　　　100g/团　约890m　1色（仅白色）
※本书作品中标注的是50g装的使用团数。

第一章

华丽的蕾丝钩织台布

大型台布最能展现蕾丝钩织的精美华丽。
精心钩织一件，值得永远珍藏。结合室内家居风格，选择自己喜欢的作品吧。

No.1

直线型钻石花样中镶嵌着小巧的紫罗兰花，
整件作品极富个性。系在外层花片连接处的
流苏透着欢快的气息。淡雅的米白色适合任
何房间。直径113cm。

设计／北尾惠以子　制作／井川麻由美
使用线／奥林巴斯　Emmy Grande
钩织方法／p.50

No.2

用金票 40 号蕾丝线钩织需要很有耐心，不过成品格外漂亮。宛如贝壳的花样，以及方眼针中浮现的小朵玫瑰花清晰明朗。从桌子上垂下的褶边呈现出优雅的阴影效果，令人印象深刻。直径 93cm。

设计／北尾惠以子　制作／成川晶子
使用线／奥林巴斯　金票 40 号蕾丝线
钩织方法／ p.52

No.3

花卉图案是任何时代都备受人们喜爱的永恒主题。从中心向外钩织可爱的铃兰图案,令这款作品沉静、淡雅。空白之处用方眼针和网格针做简单的填充,使铃兰图案更加鲜明。直径72cm。

设计/古谷宽子
使用线/奥林巴斯　Emmy Grande（Herbs）
钩织方法/ p.55

No.4

这是用 Emmy Grande（Herbs）和金票40号蕾丝线钩织的椭圆形台布，给人的感觉十分新颖。象牙白色与灰米色的配色营造出柔和的氛围。用贝壳花样将各立体花片围在一起，简单的钩织方法也是一大亮点。成品尺寸 57cm×90cm。

设计／北尾惠以子　制作／铃木久美
使用线／奥林巴斯　金票40号蕾丝线
奥林巴斯　Emmy Grande（Herbs）
钩织方法／p.59

No.5

爱尔兰蕾丝钩织的葡萄花样装饰在台布四角，宛如精美的画框。钩织得稍微紧一点，立体感会更强。花片之间的连接技法虽然有点烦琐，但是完成的作品格调却非常高雅。成品尺寸40cm×60cm。

设计／北尾惠以子　制作／驹达典子
使用线／奥林巴斯　Emmy Grande（Herbs）
钩织方法／p.58

No.6

这款台布的设计是经久不衰的字母花样。
优雅的手写体字母与蕾丝钩织的氛围浑然一体。
也可以选择单个喜欢的字母，制作成杯垫或迷你装饰垫。
台布 38cm×63cm，杯垫 12cm×12cm。

设计／风工房
使用线／奥林巴斯　Emmy Grande、奥林巴斯　Emmy Grande（Herbs）
钩织方法／ p.62

第二章

花样精美的装饰垫

蕾丝钩织的魅力在于可以通过针法组合演绎出无穷无尽的花样。
堪称蕾丝经典花样的菠萝、麦穗、花朵花片、玫瑰和葡萄花样的爱尔兰蕾丝，
巧妙使用带子技法的布鲁日蕾丝……
各种蕾丝花样精彩纷呈，争奇斗艳。

No.7

平整的菠萝花样层层绽放，装饰垫的纹理清晰明快。
周围是柔美的扇形边缘，放在圆桌上一定非常亮眼。直径 52cm。

设计／林 和子
使用线／奥林巴斯　Emmy Grande（Herbs）
钩织方法／ p.65

No.8

这款装饰垫的空间设计十分巧妙。尖头的菠萝花样与圆润的菠萝花样组合在一起，显得新颖别致。
周围的贝壳花样富有节奏感，更是一大亮点。直径 53cm。

设计/山口阳子
使用线/奥林巴斯　Emmy Grande
钩织方法/ p.66

No.9

用金票 40 号蕾丝线钩织的菠萝花样纤美细腻。
中间的起始部分以及菠萝花样周围网格针上的狗牙针可爱极了。直径 30cm。

设计/山口阳子
使用线/奥林巴斯　金票 40 号蕾丝线
钩织方法/ p.67

No.10

中心的旋涡花样加上周围笔直的麦穗花样，组成了这款简约的装饰垫。
网格针与密集的麦穗花样形成鲜明的对比，相映成趣。直径 54cm。

设计／风工房
使用线／奥林巴斯　Emmy Grande
钩织方法／ p.68

No.11

深米色的 Emmy Grande（Herbs）线表现出了硕果累累的小麦花片。
用它美美地装饰房间的一角吧。直径 60cm。

设计／河合真弓
使用线／奥林巴斯　Emmy Grande（Herbs）
钩织方法／p.70

No.12

中间部分是将小巧可爱的雏菊花片连接成椭圆形，然后在周围钩织网格针。
可以随意地装饰在梳妆台或茶几上。成品尺寸 41cm×54cm。

设计／林 久仁子
使用线／奥林巴斯　Emmy Grande（Herbs）
钩织方法／p.72

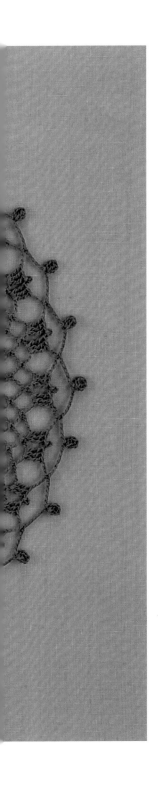

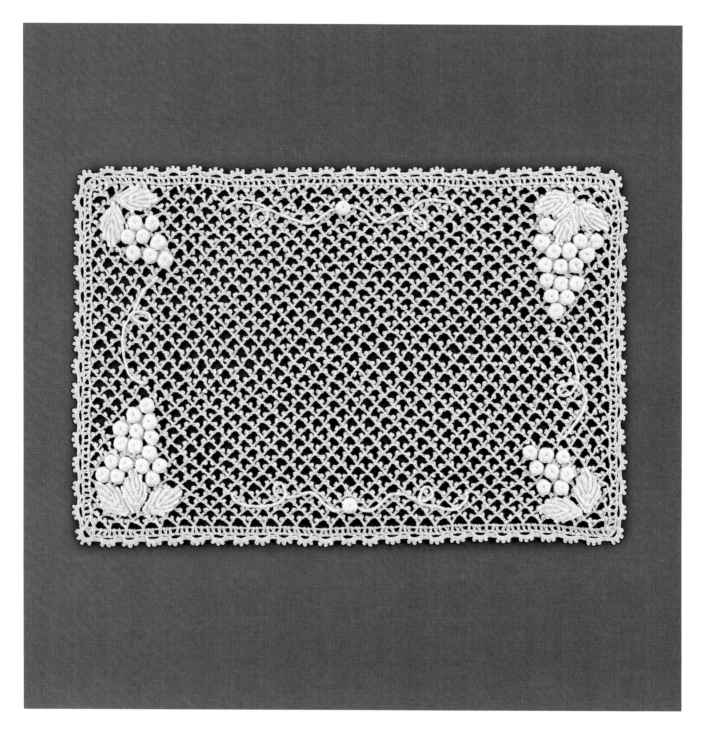

No.13

爱尔兰蕾丝钩织的花片呈现出立体饱满的质感。

这款作品的基础部分钩织的是带狗牙针的网格针，再将另外钩织好的花片缝在上面即可。

钩织方法非常简单，初学者也能轻松掌握。成品尺寸 42cm×62cm。

设计/河合真弓　制作/根本绢子

使用线/奥林巴斯　Emmy Grande (Herbs)

钩织方法 / p.74

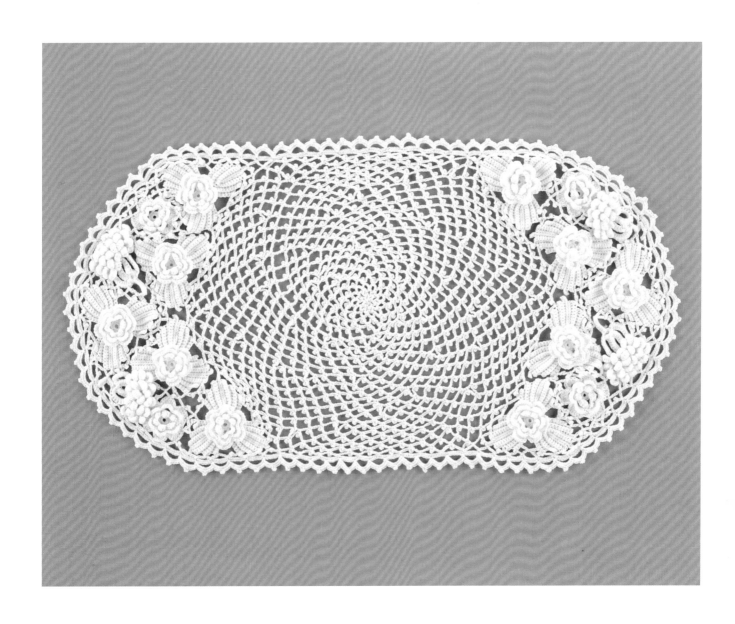

No.14

这是一款非常华丽的爱尔兰蕾丝钩织作品,
上面装饰了带三层花瓣的玫瑰花和叶子,
以及富有存在感的果实花片。
中间用网格针钩织的圆形花片完成后,
在左右两侧一边连接花片一边组合成椭圆形。
成品尺寸约27cm×49cm。

设计/风工房
使用线/奥林巴斯　Emmy Grande（Herbs）
钩织方法/ p.75

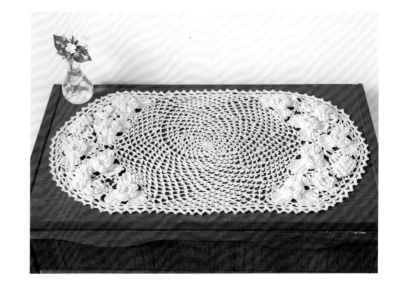

No.15

用带状织片表现图案的布鲁日蕾丝不同于从内往外钩织的方法，别有一番趣味，也是其魅力所在。
带子之间盛开的水仙花煞是可爱。直径 52cm。

设计／北尾惠以子　制作／波崎典子
使用线／奥林巴斯　Emmy Grande（Herbs）
钩织方法／ p.79

No.16

雅致的灰米色搭配复古风格的家具，显得自然和谐。
用带状蕾丝连接花片，宛如拼缝的效果。成品尺寸 30cm×62cm。

设计／古谷宽子
使用线／奥林巴斯　Emmy Grande（Herbs）
钩织方法／ p.82

第三章

怀旧又不失时尚的方眼针

方眼针是用最基础的锁针和长针描绘出花样，
对于蕾丝钩织初学者来说是很容易上手的技法。
精心钩织的过程中，花样逐渐显现出来，钩织的手法也会越来越灵活。

No.17

在六边形框架中加入大小不一的圆形，打造出了这款令人心动的台布。
为了使六边形更加端正，钩织时请注意手劲儿均衡。对角直径 68cm、对边直径 60cm。

设计／林 和子
使用线／奥林巴斯　Emmy Grande（Herbs）
钩织方法／p.81

No.18

这款作品用方眼针表现出了纸莎草径直向上生长的顽强生命力。花样与正八边形完美契合。对角直径86cm、对边直径80cm。

设计／冈田昌子
使用线／奥林巴斯 Emmy Grande
钩织方法／p.84

No.19

将莲花（睡莲）转化为图形花样的桌旗透着理性的美感，也很适合放在书房。这是一款非常雅致的作品。成品尺寸 39cm×61cm。

设计/冈田昌子
使用线/奥林巴斯　Emmy Grande
钩织方法 / p.80

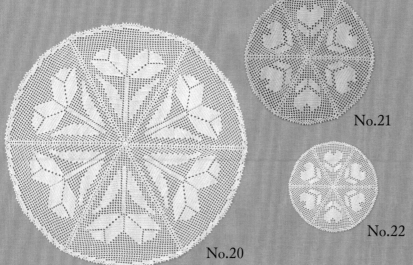

No.20

No.21

No.22

No.20~22

郊游时，不妨准备这样一组充满朝气的郁金香花样的作品。其中篮子盖巾和罐子盖巾使用同一款图案，分别用 Emmy Grande（Herbs）和金票 40 号蕾丝线钩织，大小不同。No.20 直径70cm，No.21 直径 36cm，No.22 直径 25cm。

设计/角田芙美子
使用线/ 20 奥林巴斯　Emmy Grande
　　　　21 奥林巴斯　Emmy Grande（Herbs）
　　　　22 奥林巴斯　金票 40 号蕾丝线
钩织方法/ p.34

No.23

这里将郁金香图案钩织成了大幅的沙发罩。虽然钩织起来比较辛苦，但是这样大的尺寸可以用在很多地方，看起来非常实用。用作婴儿床床单也是不错的选择。成品尺寸 70cm×105cm。

设计／角田芙美子
使用线／奥林巴斯　Emmy Grande
钩织方法／ p.86

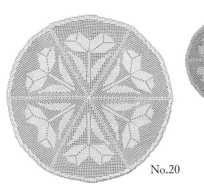

No.20

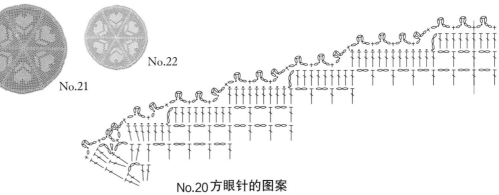

No.21

No.22

No.20 方眼针的图案

No.20~22

作品图 p.32

● 材料和工具

使用线 No.20 奥林巴斯 Emmy
Grande 原白色（851）180g/4团
No.21 奥林巴斯 Emmy Grande
（Herbs） 浅米色（732）50g/3团
No.22 奥林巴斯 金票40号蕾丝
线 米白色（802）20g/1团
钩针 No.20、21 2/0号
蕾丝针 No.22 8号

● 成品尺寸

No.20 直径70cm，No.21 直径
36cm，No.22 直径25cm

● 钩织要点

在中心用线头环形起针，立织 3
针锁针。第 1 行先钩织 2 针长针，
接着重复钩织 5 次"2 针锁针、3
针长针"。终点钩织 1 针中长针与
起点做连接。从第 2 行开始，一
边在 6 处加针一边钩织成六边形。
长针是在前一行锁针的头部 2 根
线和里山 1 根线（共 3 根线）里
挑针钩织。长针密集的部分钩织
得稍微紧一些，锁针部分钩织得
稍微松一些，针目会更加均衡平
整。外侧的弧形部分依次在每条
边上接线钩织。最后在周围环形
钩织边缘，调整形状。

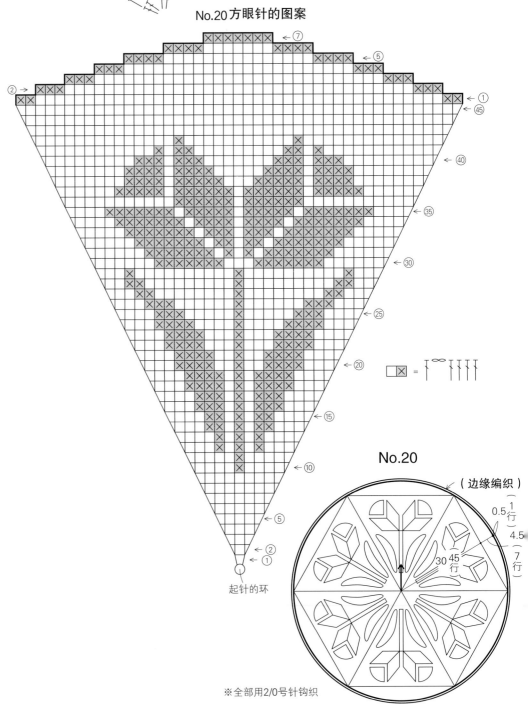

起针的环

$\boxed{\times}$ =

No.20

（边缘编织）

0.5 行 $\frac{1}{1}$ 行

4.5 $\frac{1}{7}$ 行

30 45

※全部用2/0号针钩织

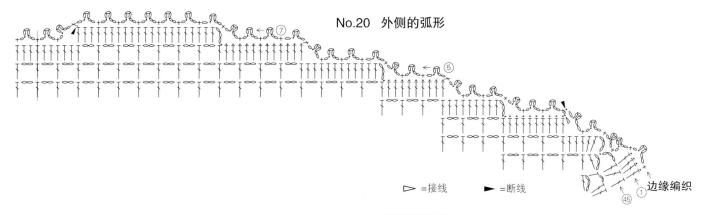

No.20 外侧的弧形

▷ =接线　► =断线

边缘编织

No.21、22 外侧的弧形

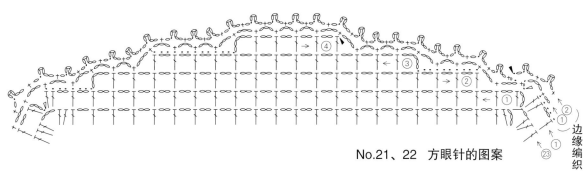

边缘编织

②
①
㉓
①

No.21、22 方眼针的图案

☐🗵 = ᵒ⌒ ↑↑↑↑↑

→④
←①
←㉓
←⑳
←⑮
←⑩
←⑤
←②
←①

起针的环

起点与转角的钩织方法

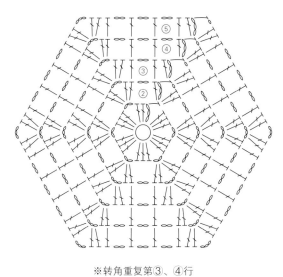

⑤
④
③
②

※转角重复第③、④行

（边缘编织）

No.21
No.22

No.21
=
2.5

No.22
=
2

No.21
=
15

No.22
=
10

㉓行

No.21
4行

No.22
2行

0.5

※No.21用2/0号钩针钩织，
　No.22用8号蕾丝针钩织

35

第四章

乐享生活的家居蕾丝

小幅的蕾丝钩织作品可以将我们的日常生活装点得丰富多彩。多钩织一些，尽量使用起来吧。
厨房、浴室、客厅……用蕾丝作品稍加装饰，就会增添一分温馨的感觉。

No.24

这款细腻的装饰垫是用金票 40 号蕾丝线钩织小花片拼接而成的。
通过拼接形成新的花样也是别有一番妙趣。对角直径 37.5cm、对边直径 32.5cm。

设计／林 久仁子　使用线／奥林巴斯　金票 40 号蕾丝线
钩织方法／p.38

No.25

将形似花生的可爱花片倾斜着拼接起来，
完成的装饰垫颇具动感。灰米色与棕色的
配色朴实沉稳，不如静享悠闲的片刻时光吧。
成品尺寸 31cm×31cm。

设计／松本薰
使用线／奥林巴斯　Emmy Grande（Herbs）
钩织方法／p.71

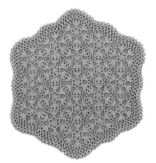

No.24

作品图 p.36

●材料和工具

使用线　奥林巴斯　金票40号蕾丝线　米色

（741）30g/1团

蕾丝针　8号

●成品尺寸

对角直径37.5cm、对边直径32.5cm

●花片的尺寸

直径6.5cm

●钩织要点

花片在中心用线头环形起针，立织1针锁针。第1

行重复钩织6次"1针短针、3针锁针、3针锁针的狗牙拉针、3针锁针"。终点在起点的短针上引拔。第4行立织4针锁针，接着在第3行终点的短针头部1根线和根部1根线里挑针，钩织3针长长针。1针放4针的长长针是在前一行锁针的半针和里山挑针钩织。从第2个花片开始，按编号顺序一边钩织一边在最后一行做连接。然后接线，在周围环形钩织边缘调整形状。钩织边缘第4行的3个线圈的狗牙针时，1针短针和2针引拔针均在同一个针目里挑针钩织。

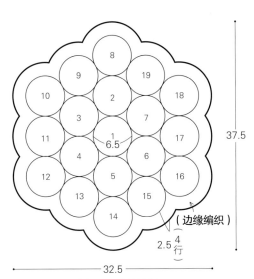

37.5

2.5 {4 行}

（边缘编织）

32.5

※全部用8号蕾丝针钩织

※图中圆圈内的序号表示花片连接顺序

No.26、No.27的完成图

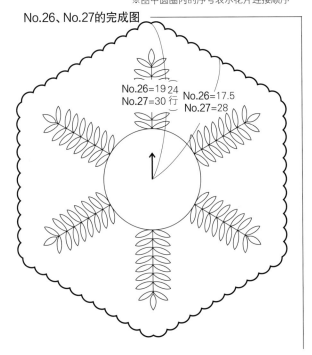

No.26=19 24
No.27=30 行

No.26=17.5
No.27=28

花片　　19片　直径6.5cm

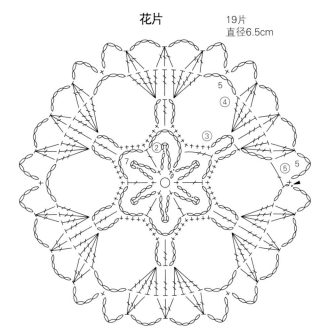

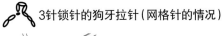

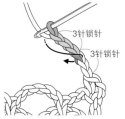

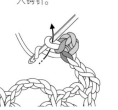

3针锁针的狗牙拉针（网格针的情况）

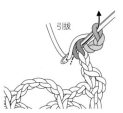

3针锁针

3针锁针

引拔

2针锁针

1　钩织狗牙针部分的3针锁针，然后在锁针的半针和里山插入钩针。

2　针头挂线，一次性引拔穿过锁针的里山、半针、针上的针目。

3　3针锁针的狗牙拉针就完成了。接着钩织锁针。

4　钩织下一个短针。

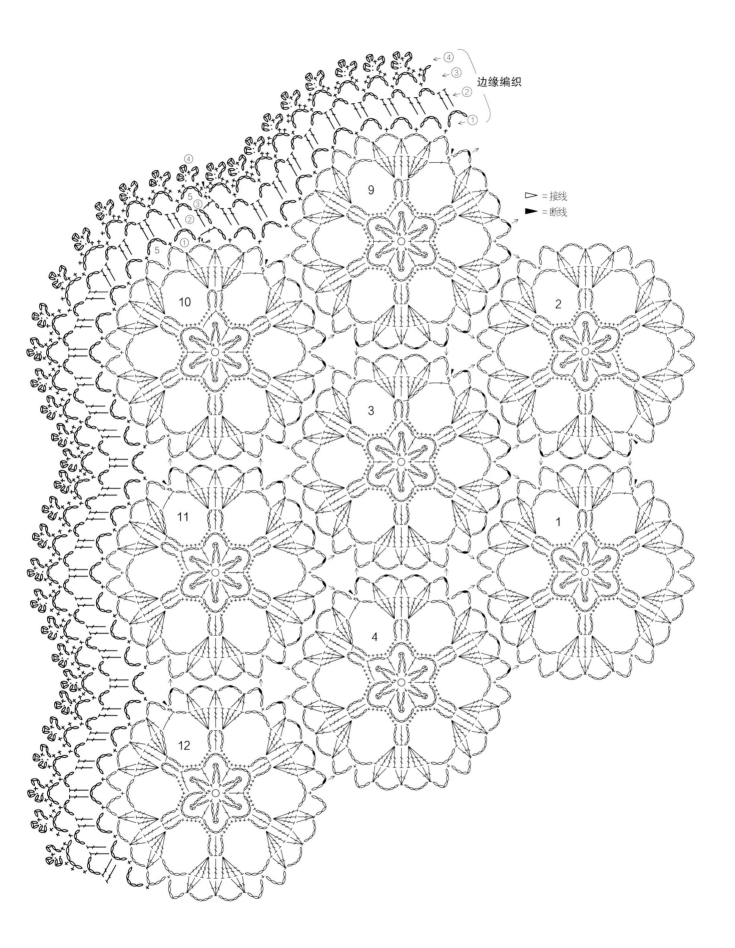

边缘编织

▷ =接线
► =断线

No.26

No.26、No.27

同一种花样分别用金票 40 号蕾丝线和 Emmy Grande（Herbs）线钩织，大小截然不同。大家可以根据自己的需要选择喜欢的颜色和尺寸。No.26 对角直径 38cm、对边直径 35cm，No.27 对角直径 60cm、对边直径 56cm。

设计／林 久仁子
使用线／ No.26 奥林巴斯　金票 40 号蕾丝线
　　　　 No.27 奥林巴斯　Emmy Grande（Herbs）
钩织方法／ p.42

No.27

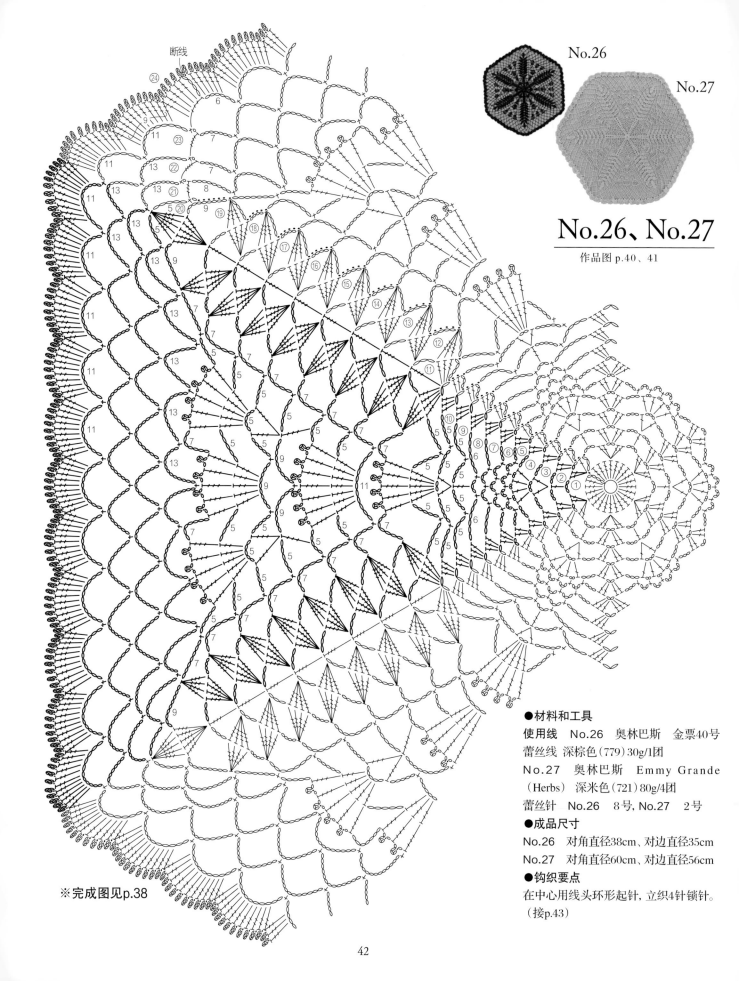

No.26

No.27

No.26、No.27

作品图 p.40、41

●材料和工具

使用线　No.26　奥林巴斯　金票40号
蕾丝线　深棕色（779）30g/1团

No.27　奥林巴斯　Emmy Grande
（Herbs）深米色（721）80g/4团

蕾丝针　No.26　8号，No.27　2号

●成品尺寸

No.26　对角直径38cm、对边直径35cm

No.27　对角直径60cm、对边直径56cm

●钩织要点

在中心用线头环形起针，立织4针锁针。
（接p.43）

断线

※完成图见p.38

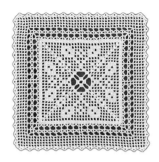

No.28

作品图 p.44

●材料和工具

使用线 奥林巴斯 Emmy Grande(Herbs)浅米色(732)40g/2团

蕾丝针 0号

●成品尺寸

31cm×31cm

●钩织要点

在中心钩织12针锁针连接成环形,立织3针锁针。第1行先钩织3针长针,接着重复钩织3次"12针锁针、4针长针"。终点钩织8针锁针和1针长长针与起点连接。从第2行开始,一边在4处加针一边钩织成正方形。长针是在前一行长针的头部2根线和里山1根线(共3根线)里挑针钩织。转角处从1针里放针的加针均在前一行

锁针的半针和里山挑针钩织。长针密集的部分钩织得稍微紧一些,锁针部分钩织得稍微松一些,针目会更加均衡平整。

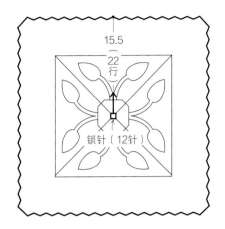

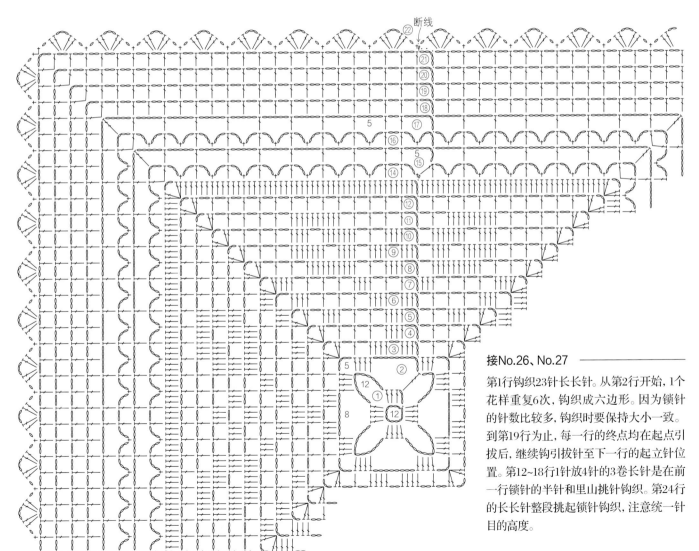

接No.26、No.27 —————

第1行钩织23针长长针。从第2行开始,1个花样重复6次,钩织成六边形。因为锁针的针数比较多,钩织时要保持大小一致。到第19行为止,每一行的终点均在起点引拔后,继续钩引拔针至下一行的起立针位置。第12~18行1针放4针的3卷长针是在前一行锁针的半针和里山挑针钩织。第24行的长长针整段挑起锁针钩织,注意统一针目的高度。

No.28

花样简单的小装饰垫当作咖啡帘也很可
爱。多钩织几片，还可以用作垫子或盖巾
等，用途非常广泛。成品尺寸31cm×31cm。

设计／松本薰
使用线／奥林巴斯　Emmy Grande（Herbs）
钩织方法／p.43

No.29

这是一款菱形装饰垫，也非常适合初次尝试蕾丝钩织的朋友。只要学会短针、长针和锁针就能完成。成品尺寸 33cm×39cm。

设计／本间早希子
使用线／奥林巴斯　Emmy Grande（Herbs）
钩织方法／p.46

No.30

这款小装饰垫的中心是盛开的花朵，周围是贝壳花样。可以轻轻地盖在罐子或者刚烤好的面包上，方便又实用。直径 30cm。

设计／本间早希子
使用线／奥林巴斯　Emmy Grande（Herbs）
钩织方法／p.47

No.29

作品图 p.45

●材料和工具

使用线　奥林巴斯　Emmy Grande（Herbs）象牙白色（800）40g/2团

蕾丝针　2号

●成品尺寸

33cm×39cm

●钩织要点

在中心用线头环形起针，立织3针锁针。第1行钩织"1针锁针、4针长针、2针锁针、4针长针、1针锁针、4针长针、2针锁针、3针长针"。终点在起点的锁针上引拔钩织。从第2行开始，一边在4处加针一边钩织成菱形。长针是在前一行长针的头部2根线和里山1根线（共3根线）里挑针钩织。每一行的终点均在起点引拔后，继续钩引拔针至下一行的起立针位置。长针密集的部分钩织得稍微紧一些，锁针部分钩织得稍微松一些，针目会更加均衡平整。第18行在1针里钩织3次"2针长针的枣形针"，形成扇形边缘。

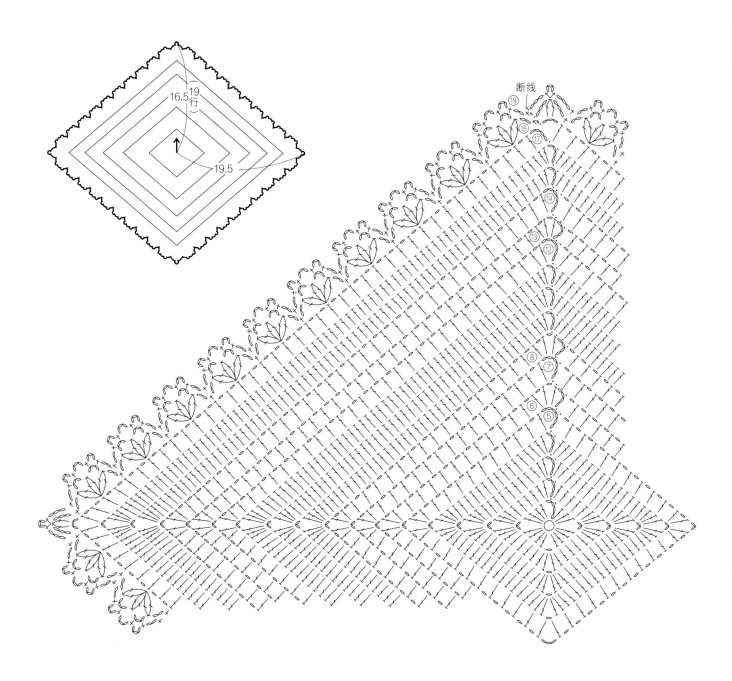

●材料和工具

使用线　奥林巴斯　Emmy Grande（Herbs）　象牙白色（800）30g/2团

蕾丝针　2号

●成品尺寸

直径30cm

●钩织要点

在中心钩织10针锁针连接成环形，立织1针锁针。第1行钩24针短针，终点在起点引拔钩织。从第2行开始，1个花样重复12次，钩织至第8行。接着在第8行的短针上钩织引拔针至第9行的起立针位置。从第9行开始，1个花样重复36次。

No.30

作品图 p.45

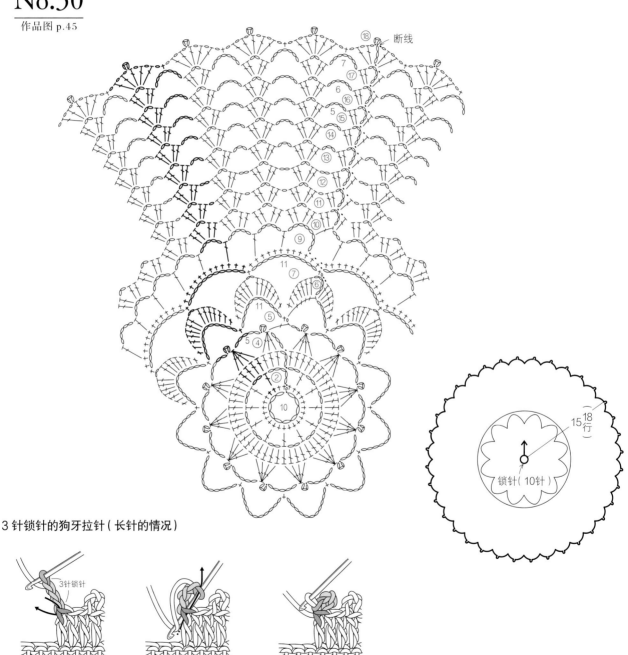

3针锁针的狗牙拉针（长针的情况）

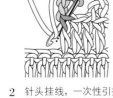

1　钩织3针锁针，如箭头所示在长针头部的前面1根线和根部1根线里插入钩针。

2　针头挂线，一次性引拔穿过长针的根部、头部、针上的针目。

3　3针锁针的狗牙拉针就完成了。

No.32

No.31

No.31、No.32

八角星与扇形花样的组合使这款作品充满了蕾
丝的韵味。为了使其更加平整美观，可以多上
点浆定型。

No.31 直径 33cm，No.32 直径 21cm。

设计／古谷宽子　制作／大山富美子

使用线／ No.31 奥林巴斯　Emmy Grande（Herbs）

　　　　 No.32 奥林巴斯　金票 40 号蕾丝线

钩织方法／p.49

No.31

No.32

No.31、No.32

作品图 p.48

●材料和工具
使用线　No.31　奥林巴斯　Emmy Grande
（Herbs）　象牙白色（800）40g/2团
No.32　奥林巴斯　金票40号蕾丝线　米色
（741）15g/1团
蕾丝针　No.31　2号，No.32　8号
●成品尺寸
No.31　直径33cm
No.32　直径21cm

●钩织要点
在中心钩织8针锁针连接成环形，立织4针锁
针。第1行钩织23针长长针，终点在起点引拔钩
织。从第2行开始，1个花样重复8次。第4、6、
14、15、16行的终点钩织指定针数的锁针和多卷
长针与起点连接。5针长长针并1针容易松散，钩
织时需要特别注意。

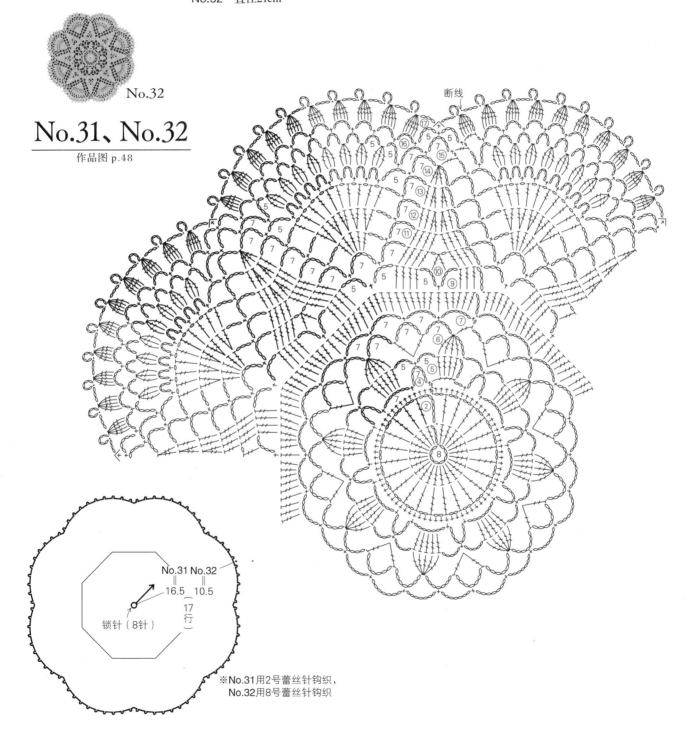

锁针（8针）

No.31 No.32
16.5　10.5
（17行）

※No.31用2号蕾丝针钩织，
　No.32用8号蕾丝针钩织

49

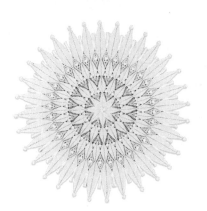

No.1

作品图 p.04

● 材料和工具

使用线 奥林巴斯 Emmy Grande

米白色（804）500g/10团

蕾丝针 0号

● 成品尺寸

直径113cm

● 钩织要点

小花花片参照图示，分别钩织51朵花A、32朵花B、32朵花C，处理好线头备用。主体部分在中心钩织13针锁针连接成环形，立织1针锁针。第1行钩织24针短针，终点在起点引拔钩织。从第2行开始，1个花样重复8次。从第17行开始，1个花样重复16次。从第32行开始，1个花样重复32次。钩织第16行时，在花A的下侧花瓣上引拔钩织。第19行的短针是在第17、18行的锁针上整段挑针钩织。第20行的短针是在花朵的上侧花瓣上挑针钩织。第2次和第3次加入花朵时也按相同要领钩织。钩织至第57行后，在一条边上继续钩织。从第2条边开始，依次接线钩织。在中心缝上3朵花A，在每条边（每个花样）的前端缝上花C。最后参照图示制作流苏，系在指定位置。

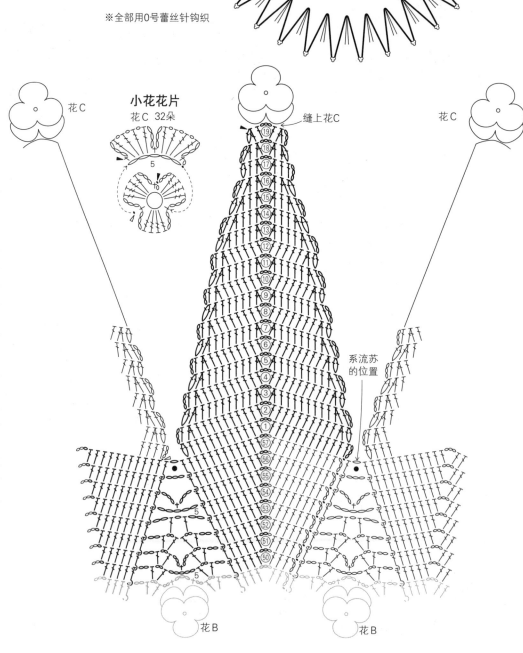

※全部用0号蕾丝针钩织

在中心缝上3朵花A

小花花片

花C 32朵

缝上花C

花C

花C

系流苏的位置

花B

花B

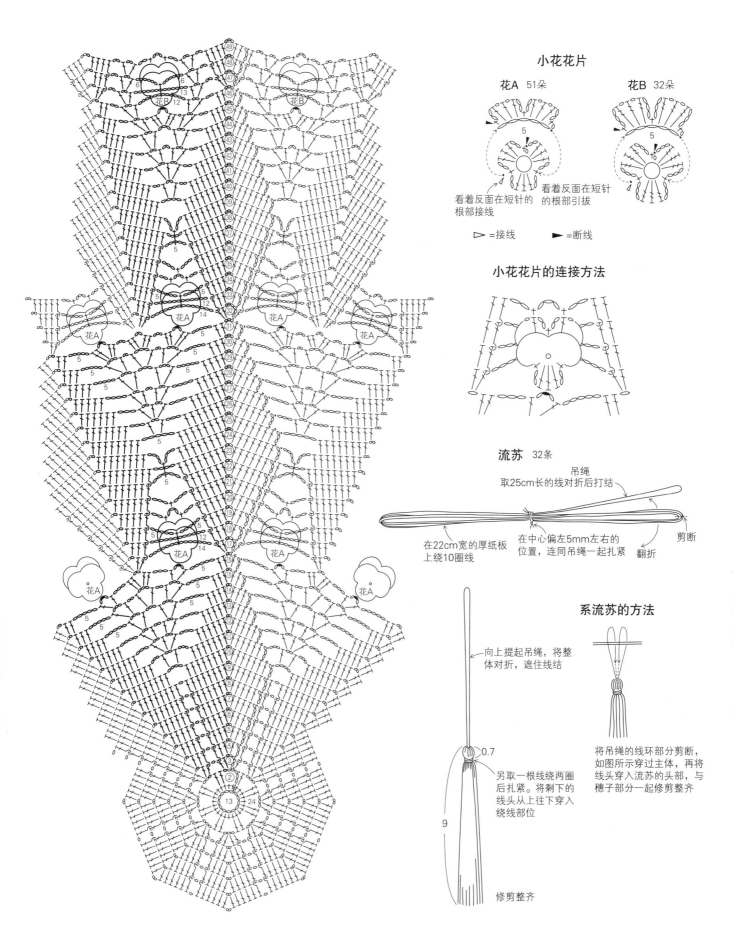

小花花片

花A 51朵　　　花B 32朵

看着反面在短针的
根部接线

看着反面在短针
的根部引拔

▷＝接线　　►＝断线

小花花片的连接方法

流苏 32条

吊绳
取25cm长的线对折后打结

在22cm宽的厚纸板
上绕10圈线

在中心偏左5mm左右的
位置，连同吊绳一起扎紧

翻折

剪断

系流苏的方法

向上提起吊绳，将整
体对折，遮住线结

0.7

另取一根线绕两圈
后扎紧。将剩下的
线头从上往下穿入
绕线部位

9

将吊绳的线环部分剪断，
如图所示穿过主体，再将
线头穿入流苏的头部，与
穗子部分一起修剪整齐

修剪整齐

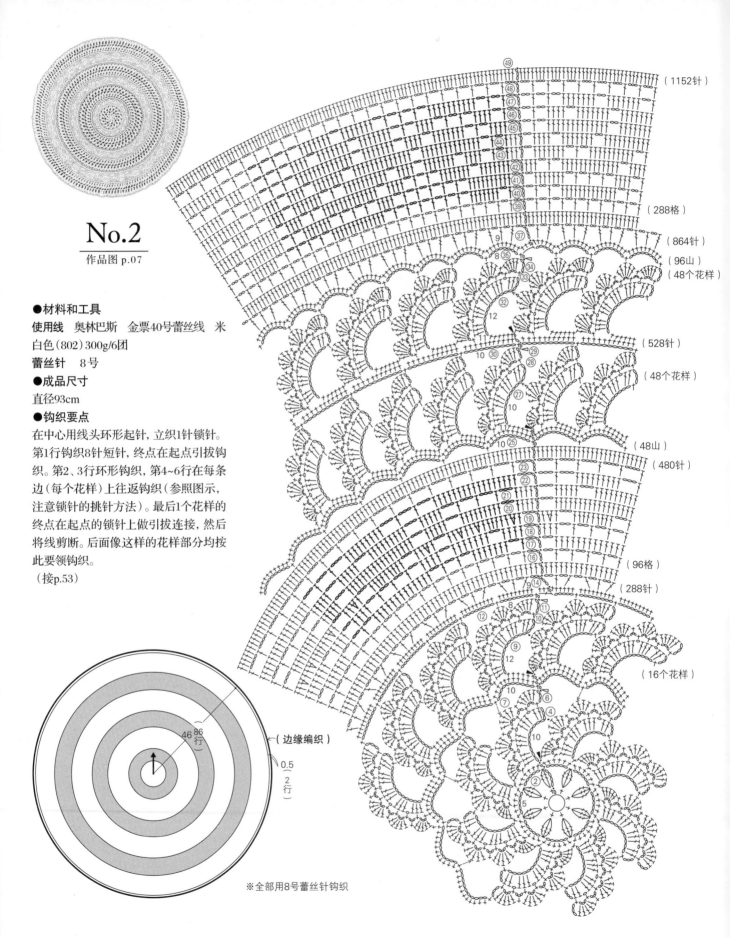

No.2

作品图 p.07

●**材料和工具**

使用线　奥林巴斯　金票40号蕾丝线　米

白色（802）300g/6团

蕾丝针　8号

●**成品尺寸**

直径93cm

●**钩织要点**

在中心用线头环形起针，立织1针锁针。

第1行钩织8针短针，终点在起点引拔钩

织。第2、3行环形钩织，第4~6行在每条

边（每个花样）上往返钩织（参照图示，

注意锁针的挑针方法）。最后1个花样的

终点在起点的锁针上做引拔连接，然后

将线剪断。后面像这样的花样部分均按

此要领钩织。

（接p.53）

（1152针）

（288格）

（864针）

（96山）

（48个花样）

（528针）

（48个花样）

（48山）

（480针）

（96格）

（288针）

（16个花样）

46 86 行

（边缘编织）

0.5

（2行）

※全部用8号蕾丝针钩织

52

花样的钩织要点

分开锁针的针目挑针
连接
挑针整段

挑针整段

整段挑针

▷ =接线
► =断线

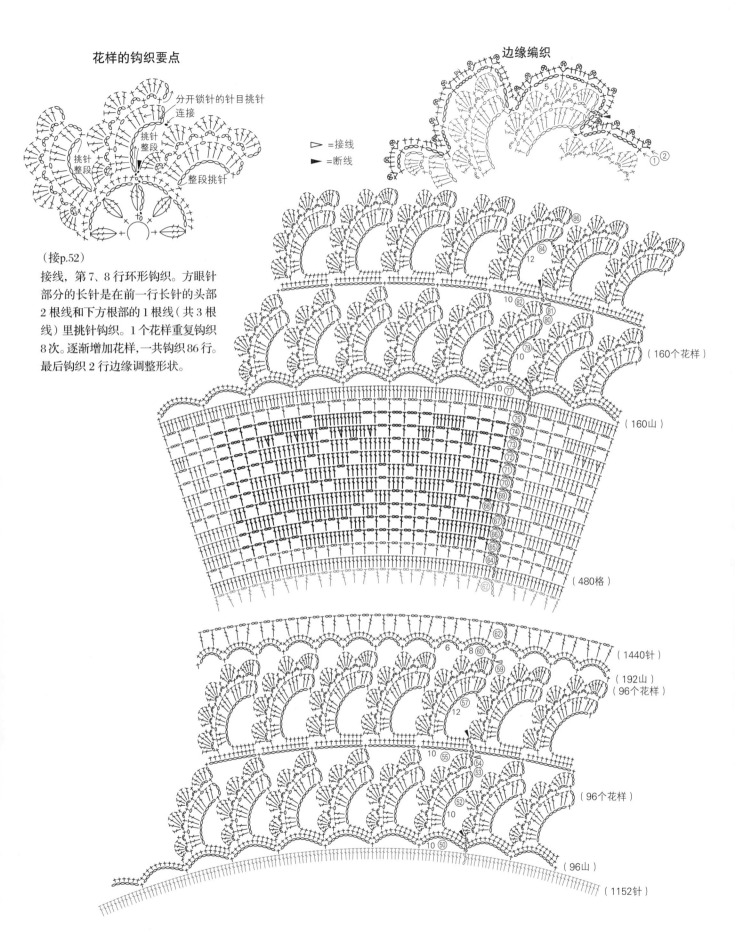

（接p.52）

接线，第7、8行环形钩织。方眼针部分的长针是在前一行长针的头部2根线和下方根部的1根线（共3根线）里挑针钩织。1个花样重复钩织8次。逐渐增加花样，一共钩织86行。最后钩织2行边缘调整形状。

（160个花样）

（160山）

（480格）

（1440针）

（192山）
（96个花样）

（96个花样）

（96山）

（1152针）

53

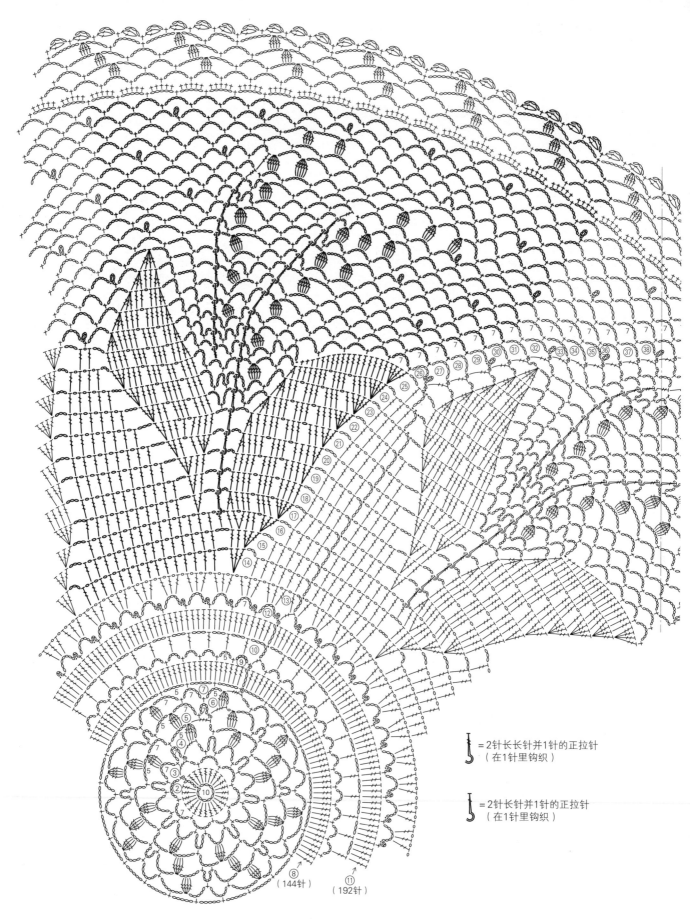

= 2针长长针并1针的正拉针
（在1针里钩织）

= 2针长针并1针的正拉针
（在1针里钩织）

⑧
（144针）

⑪
（192针）

No.3
作品图 p.08

● 材料和工具
使用线 奥林巴斯 Emmy Grande
（Herbs）象牙白色（800）180g/9团
蕾丝针 2号

● 成品尺寸
直径72cm

● 钩织要点
在中心钩织10针锁针连接成环形，立织4针锁针。第1行钩织23针长长针。从第2行开始，1个花样重复钩织8次。网格针每行的终点钩织指定针数的锁针和多卷长针与起点连接。第47行的终点在起点引拔钩织后，继续钩引拔针至下一行的起立针位置。第49行中2针长针的枣形针是在短针头部的前面1根线和根部1根线里挑针钩织。

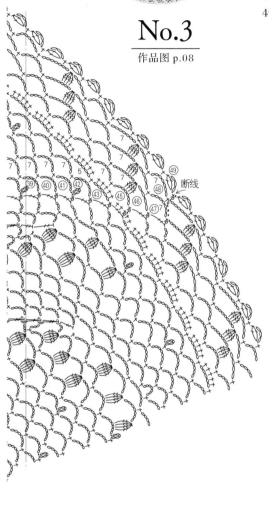

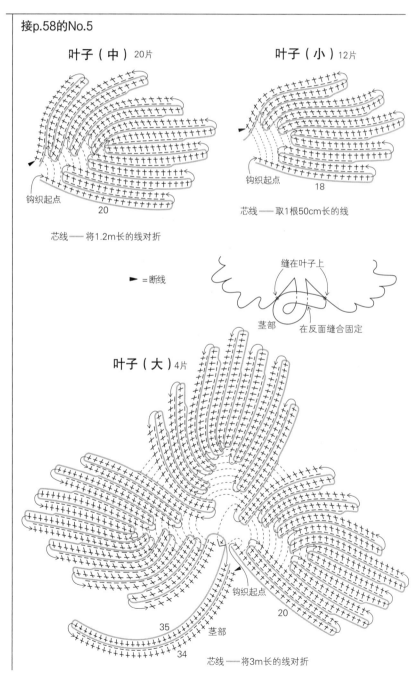

接p.58的No.5

叶子（中）20片

钩织起点
20
芯线——将1.2m长的线对折

叶子（小）12片
钩织起点
18
芯线——取1根50cm长的线

► ＝断线

缝在叶子上
茎部
在反面缝合固定

叶子（大）4片
钩织起点
35 茎部
34
20
芯线——将3m长的线对折

花样的排列（反面）

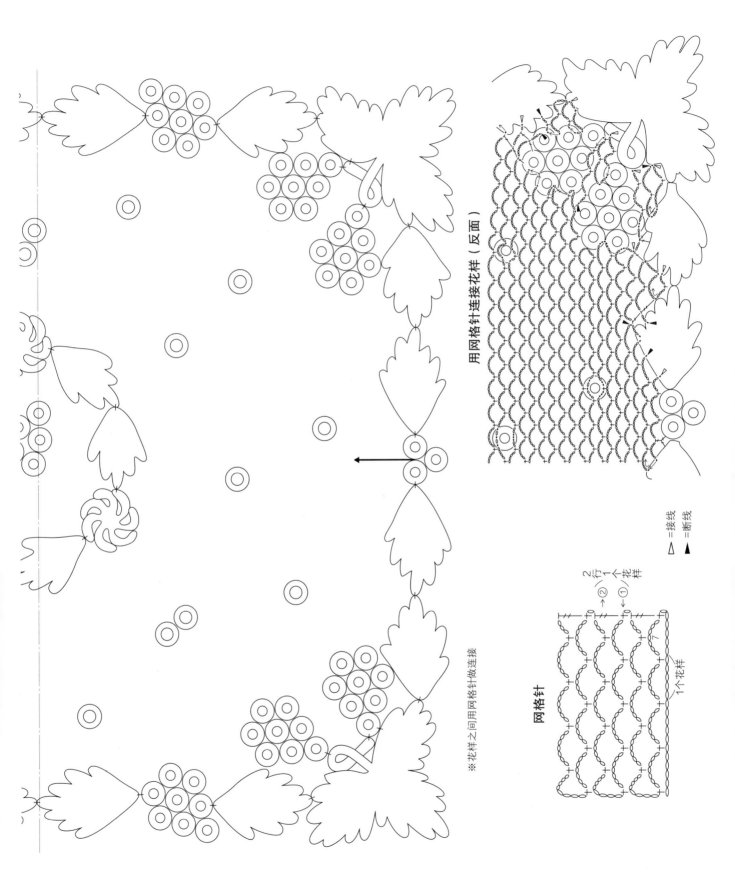

用网格针连接花样（反面）

▷ = 接线
▲ = 断线

网格针

2 行 1 个花样
→② ①→

1个花样

※花样之间用网格针做连接

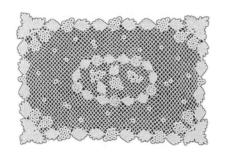

●材料和工具
使用线　奥林巴斯　Emmy Grande
（Herbs）　浅米色（732）150g/8团
蕾丝针　2号
●成品尺寸
40cm×60cm
●密度
10cm×10cm面积内：网格针 约6山, 16行
●钩织要点
钩织各种花片并做好线头处理。小花包住
1根芯线钩织短针的棱针。再钩织花芯缝
在中心。果实是在芯线上钩织短针, 将针

目的反面用作正面。每个葡萄串是由果实
连接而成的。叶子也是包住芯线钩织短针
的棱针。靠中心一侧跳过几行钩织, 使其
呈收拢的状态。将花片的排列图放大2倍,
描到坯布等布料上。然后将花片反面朝上
疏缝固定, 花片连在一起的部分预先缝合
固定。空白处用7针锁针的网格针进行连
接。花片的大小可能因为钩织时松紧度的
影响而有所差异, 可以适当调整网格针。
图中的网格数量和行数仅供参考, 请根据
自己的花片大小进行调整。

No.5
作品图 p.12

完成图

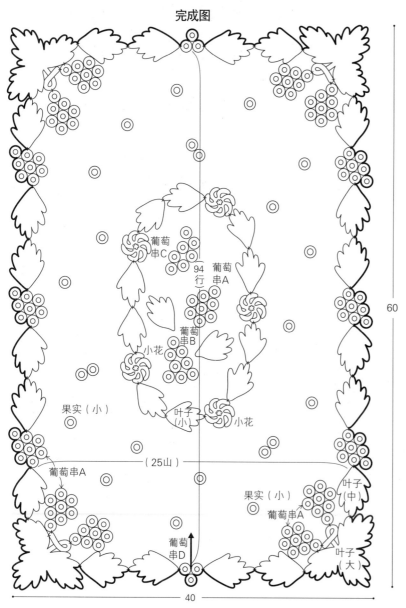

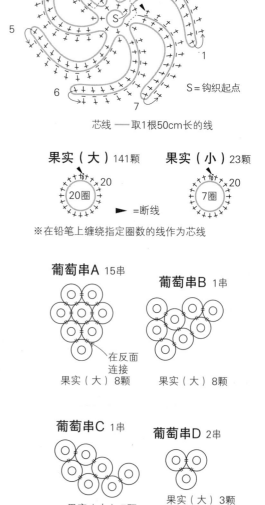

※接p.55、p.56、p.57

花片B、D

B = 钩织至第5行，4片
D = 钩织至第7行，22片

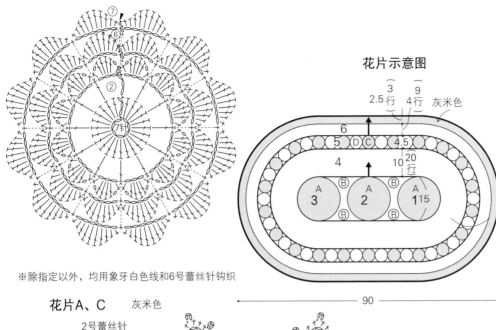

※除指定以外，均用象牙白色线和6号蕾丝针钩织

花片A、C　灰米色

2号蕾丝针

A = 3片
C = 钩织至第3行，22片

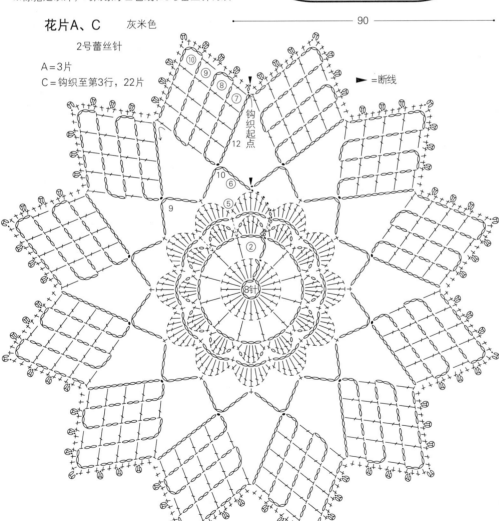

花片示意图

No.4

作品图 p.11

●材料和工具

使用线　奥林巴斯　金票40号蕾丝线　象牙白色（852）120g/3团、奥林巴斯 Emmy Grande（Herbs）　灰米色（814）110g/6团
蕾丝针　6号、2号

●成品尺寸

57cm×90cm

●钩织要点

钩织并连接3个花片A，然后一边钩织花片B一边与花片A连接。花片的最后一行是长针时，取下蕾丝针，与另一个花片连接（参照p.91）。花片之间的空隙钩织锁针和引拔针连接固定。接着在中间的花片周围钩织锁针和引拔针，按编号4的花样钩织至第20行。前一行是锁针时，长针和短针均为整段挑针钩织。编号5的外侧花片先钩织花片C并与编号4的花样连接，然后钩织并连接花片D。最后钩织周围的花样。

※ 接p.60、61

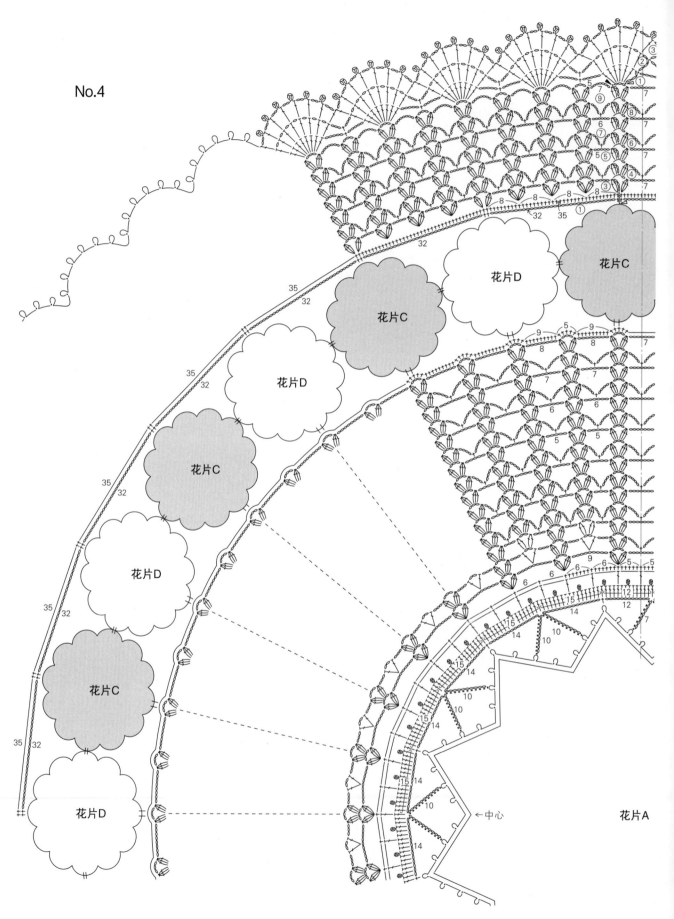

No.4

花片C

花片D

花片C

花片D

花片C

花片D

花片C

花片D

花片D

←中心

花片A

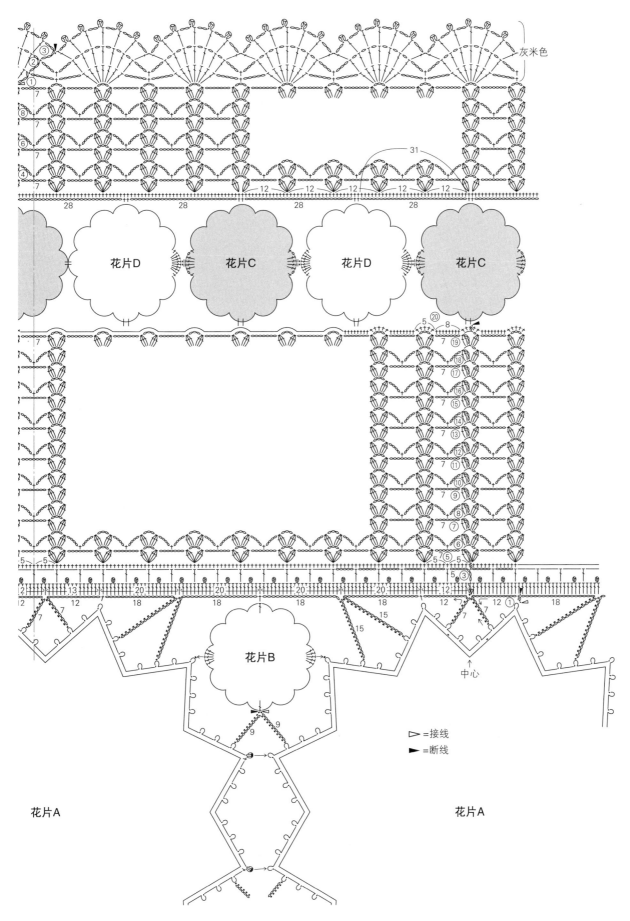

花片D 花片C 花片D 花片C

灰米色

31

12 12 12 12 12

28 28 28 28

花片B

中心

▷ =接线
► =断线

花片A 花片A

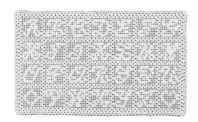

No.6

作品图 p.14、15

● 材料和工具

使用线 台布 奥林巴斯 Emmy Grande 米白色（804）110g/3团
杯垫 奥林巴斯 Emmy Grande（Herbs） 象牙白色（800）10g/1团

蕾丝针 0号

● 成品尺寸

台布 38cm×63cm

杯垫 12cm×12cm

● 密度

10cm×10cm面积内: 方眼针14格, 15行

● 钩织要点

台布 钩织259针锁针（86格）起针, 在锁针的半针和里山挑针开始钩织。按方眼针和长针钩织, 将长针改成5针长针的枣形针来突显字母。方眼针结束后, 接着在周围钩织边缘。每3行挑取8针。为了保持一致, 钩织边缘第2行的网格针时, 上下两条边的中心花样跳过前一行的5针短针, 左右钩织的中心花样跳过前一行的3针短针钩织。其他花样均跳过前一行的4针短针钩织。

杯垫 钩织要领与台布相同。

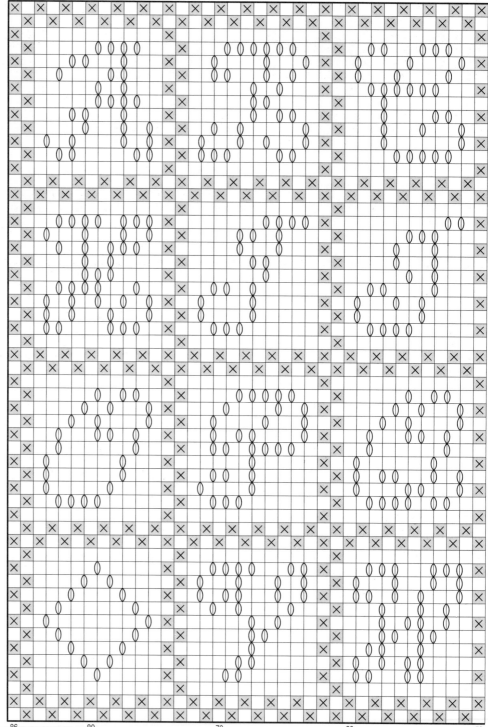

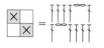
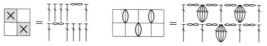

方眼针的图案

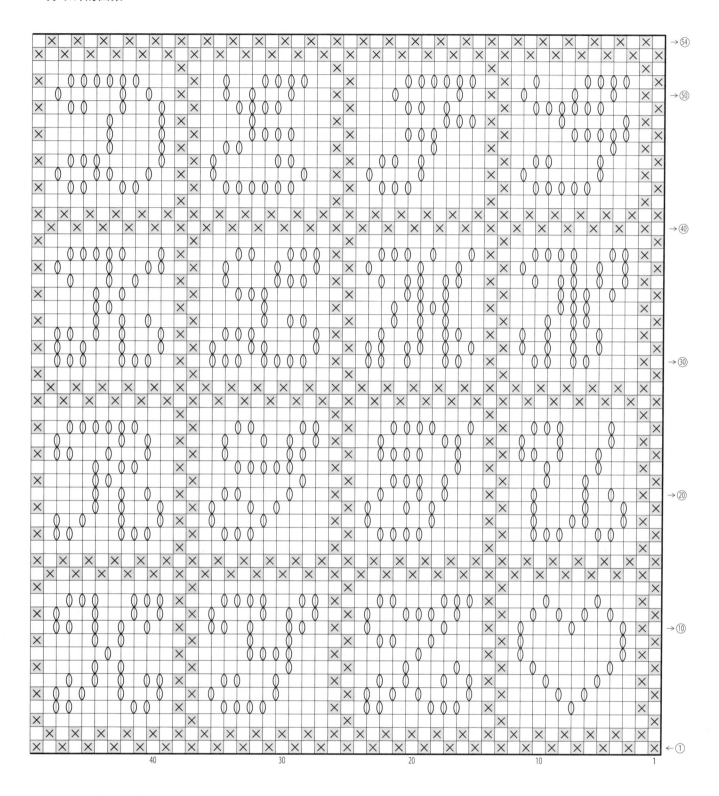

※ 接 p.64

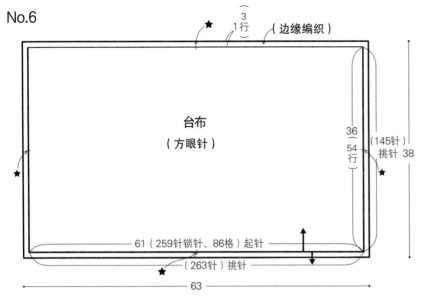

台布
（方眼针）

3
1 行 （边缘编织）

36
（54 行）

（145针）挑针 38

61（259针锁针、86格）起针

（263针）挑针

63

★ = 钩织边缘的第2行的中心时，上下跳过前一行的5针短针，
左右跳过3针
※ 全部用0号蕾丝针钩织

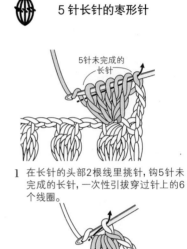

5 针长针的枣形针

5针未完成的长针

1 在长针的头部2根线里挑针，钩5针未
完成的长针，一次性引拔穿过针上的6
个线圈。

2 5针长针的枣形针就完成了。

杯垫

3
1 行 （边缘编织）

（方眼针） 10
（15 行） （41针）挑针 12

10（43针锁针、14格）起针

（47针）挑针

12

方眼针的图案

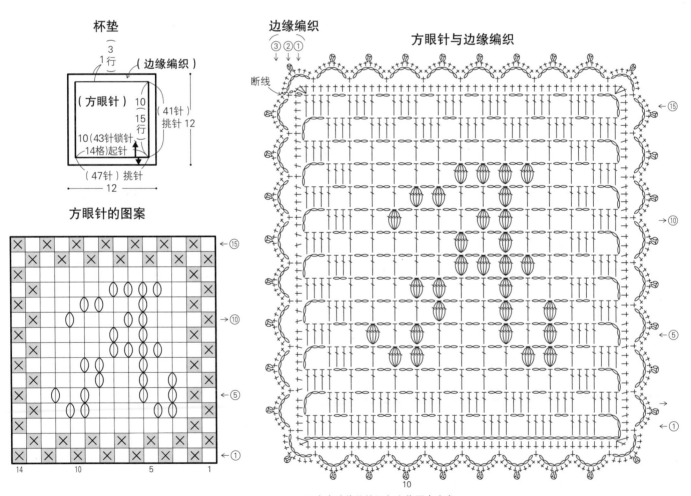

边缘编织
③②①

断线

方眼针与边缘编织

※ 台布边缘的钩织起点位于左上角

No.7

作品图 p.17

●材料和工具
使用线　奥林巴斯　Emmy Grande（Herbs）
象牙白色（800）100g/5团
蕾丝针　0号
●成品尺寸
直径52cm
●钩织要点
在中心用线头环形起针, 立织4针锁针。第1行先

钩织2针长长针的枣形针, 接着重复钩织5次 "5针锁针、3针长长针的枣形针"。终点钩织5针锁针后在起点引拔, 继续钩引拔针至第2行的起立针位置。从第2行开始, 1个花样重复钩织6次。从第28行开始, 1个花样重复钩织12次。第38行为了形成圆滑的曲线, 钩织时注意调整长针和中长针的针目高度。

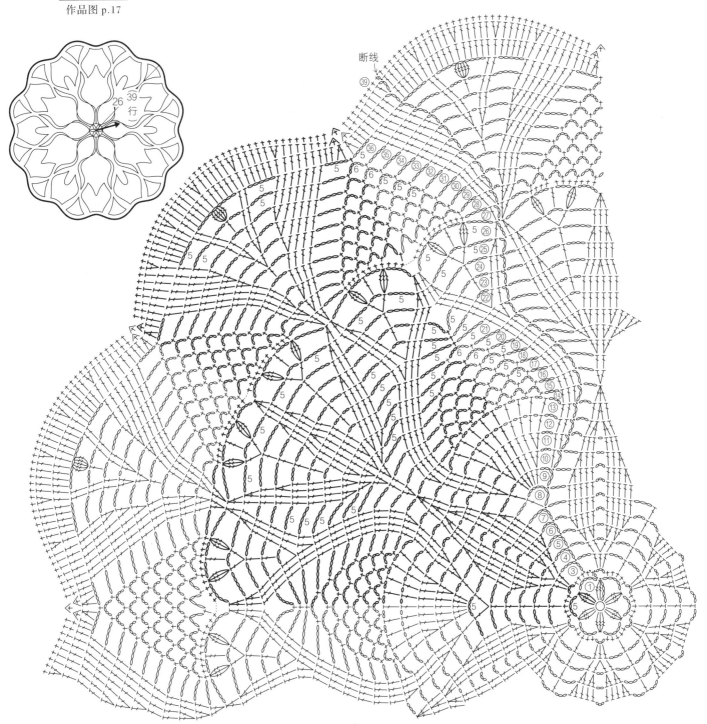

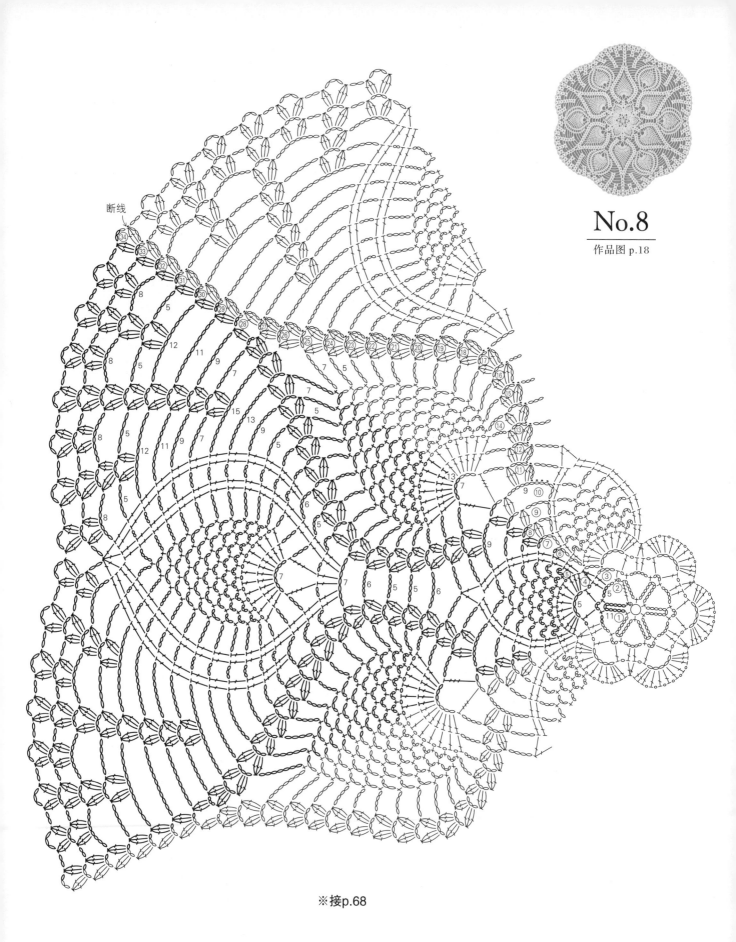

No.8

作品图 p.18

断线

※接p.68

●材料和工具

使用线　奥林巴斯　金票40号蕾丝线　白色
（801）25g/1团

蕾丝针　8号

●成品尺寸

直径30cm

●钩织要点

在中心用线头环形起针，立织1针锁针。第1行重

复钩11次"1针短针、9针锁针"。接着钩1针短
针，终点钩织4针锁针和3卷长针与起点连接。从
第2行开始，1个花样重复钩织12次。第4行结束
后将线剪断。第5行接线继续钩织。第15~20行
每一行的终点均在起点引拔后，继续钩织引拔
针至下一行的起立针位置（将狗牙针倒向前面
避开引拔）。

No.9

作品图 p.19

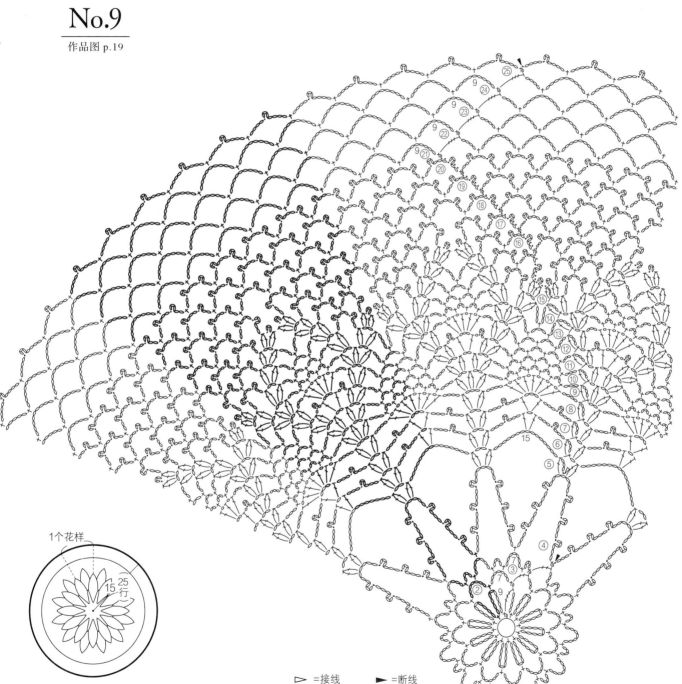

1个花样

▷ =接线　　　▶ =断线

No.8

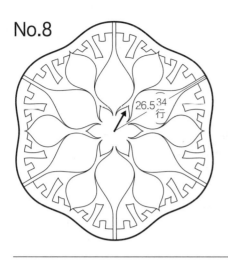

26.5 34行

●材料和工具

使用线　奥林巴斯 Emmy Grande 白色
（801）75g/2团

蕾丝针　2号

●成品尺寸

直径53cm

●钩织要点

在中心用线头环形起针,立织1针锁针。第1

行重复钩织5次"1针短针、11针锁针"。接
着钩织1针短针,终点钩织5针锁针和4卷
长针与起点连接。从第2行开始,1个花样
重复钩织6次。从第10行开始,每一行的终
点均在起点引拔后,继续钩引拔针至下一
行的起立针位置。整段挑起前一行的锁针
钩织枣形针时,注意针目不要分得太开。

No.11

作品图 p.21

●材料和工具

使用线　奥林巴斯 Emmy Grande
（Herbs）深米色（721）75g/4团

蕾丝针　2号

●成品尺寸

直径60cm

●钩织要点

在中心用线头环形起针,立织3针锁针。第
1行重复钩织11次"1针锁针、1针长针"。终
点钩织1针锁针后在起点引拔钩织。从第2行
开始,1个花样重复钩织12次。第3~11行的
终点钩织指定针数的锁针和多卷长针与起

点连接。第6、10行的短针分别在第4、5行
和第8、9行的锁针上整段挑针钩织。第12
行的终点在起点引拔钩织后,继续钩引拔
针至下一行的起立针位置。第29行的锁针
和狗牙针注意统一针目的高低,作品会更
加美观。

 1针放2针长针（中间有1针锁针）

1 在锁针的里山插入
钩针,钩织长针。接
着钩1针锁针。

2 针头挂线,在同一
个针目里插入钩
针,再钩1针长针。

3 1针放2针长针(中间
有1针锁针)就完成
了。

 1针放2针长针（整段挑针,中间有1针锁针）

 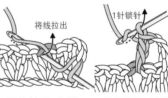 

1 针头挂线,在前
一行锁针的下
方空隙里插入
钩针(整段挑
针)。

2 针头挂线,将线
拉出。

3 钩织长针,接着
钩1针锁针。下一
针也在同一个空
隙里钩织长针。

4 1针放2针长针(整
段挑针,中间有1
针锁针)就完成
了。

No.10

作品图 p.20

●材料和工具

使用线　奥林巴斯 Emmy Grande 米白色
（804）110g/3团

蕾丝针　2号

●成品尺寸

直径54cm

●钩织要点

在中心用线头环形起针,立织1针锁针。第1行重

复钩织5次"1针短针、3针锁针"。接着钩织1针
短针,终点钩织1针锁针和中长针与起点连接。
第3行将网格数量增加一倍。从第6行开始,1个
花样重复钩织12次。第26行的2针长针是在前
一行锁针的半针和里山挑针钩织。从第27行开
始,1个花样重复钩织24次。每一行的终点在起
点引拔钩织后,继续钩引拔针至下一行的起立
针位置。

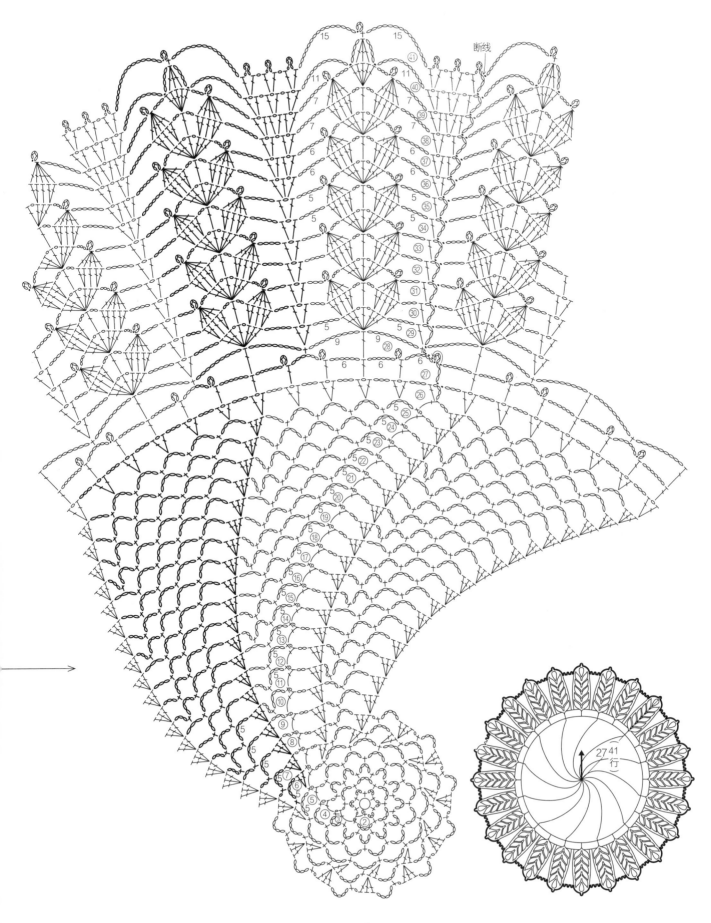

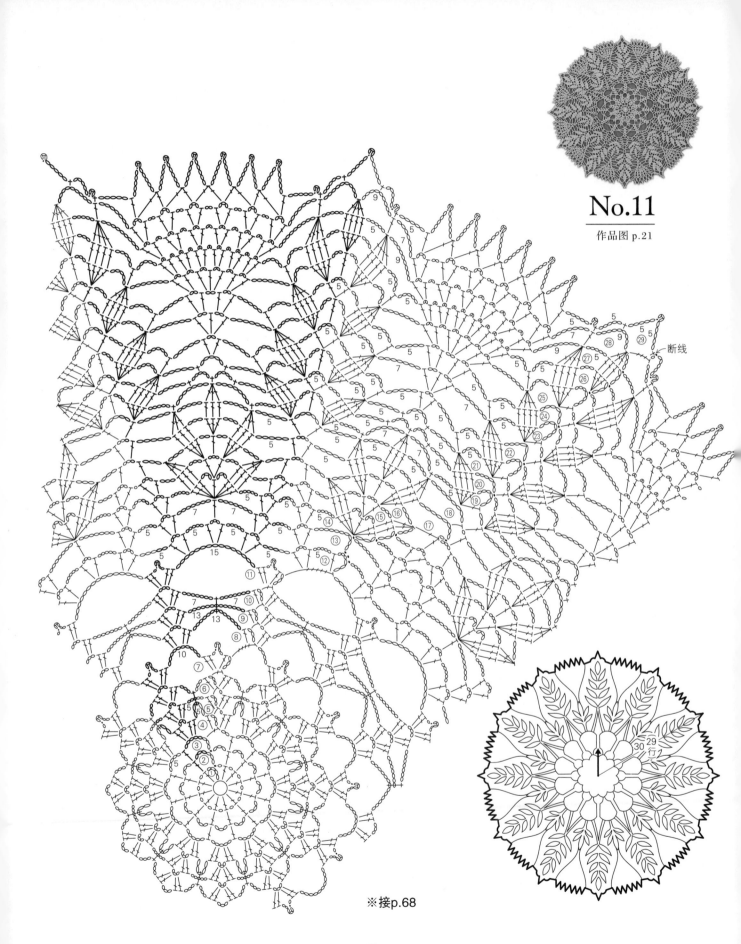

No.11

作品图 p.21

断线

※接p.68

● 材料和工具
使用线　奥林巴斯　Emmy Grande（Herbs）
棕色（777）30g/2团，灰米色（814）15g/1团
蕾丝针　0号
● 成品尺寸
31cm×31cm
● 花片的大小
11cm×9cm

● 钩织要点
花片用棕色线钩织5针锁针连接成环形，立织1针锁针。第1行重复钩织6次"1针短针、4针锁针"。终点在起点引拔钩织。第2行结束后将线剪断。再钩织另一个花片，在第2行与第1个花片连接。第3行加入灰米色线钩织网格针。钩织至第5行后将线剪断。加入棕色线钩织第6行，并在上下两边钩织叶子。从第2组花片开始，按编号顺序一边钩织一边在最后一行连接。

No.25
作品图 p.37

花片

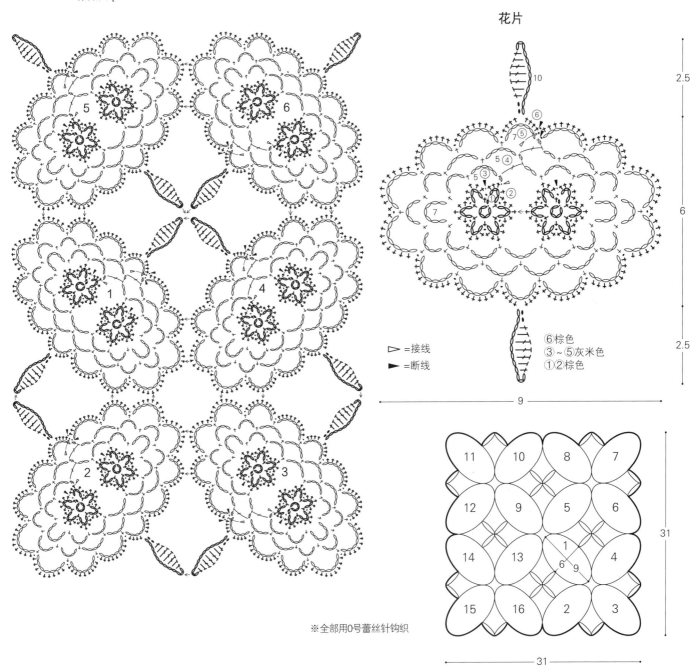

▷ =接线
► =断线

⑥棕色
③～⑤灰米色
①②棕色

※全部用0号蕾丝针钩织

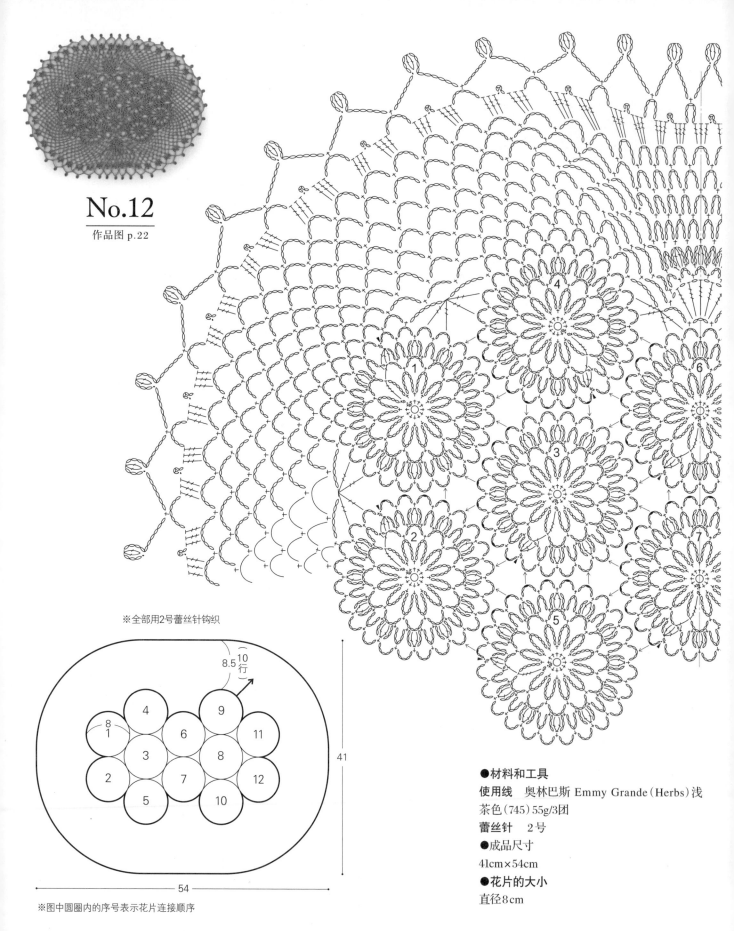

No.12

作品图 p.22

※全部用2号蕾丝针钩织

8.5 〔10 行〕

8

1

4

2

3

6

9

5

7

8

11

12

10

41

54

※图中圆圈内的序号表示花片连接顺序

●材料和工具

使用线　奥林巴斯 Emmy Grande（Herbs）浅
茶色（745）55g/3团

蕾丝针　2号

●成品尺寸

41cm×54cm

●花片的大小

直径8cm

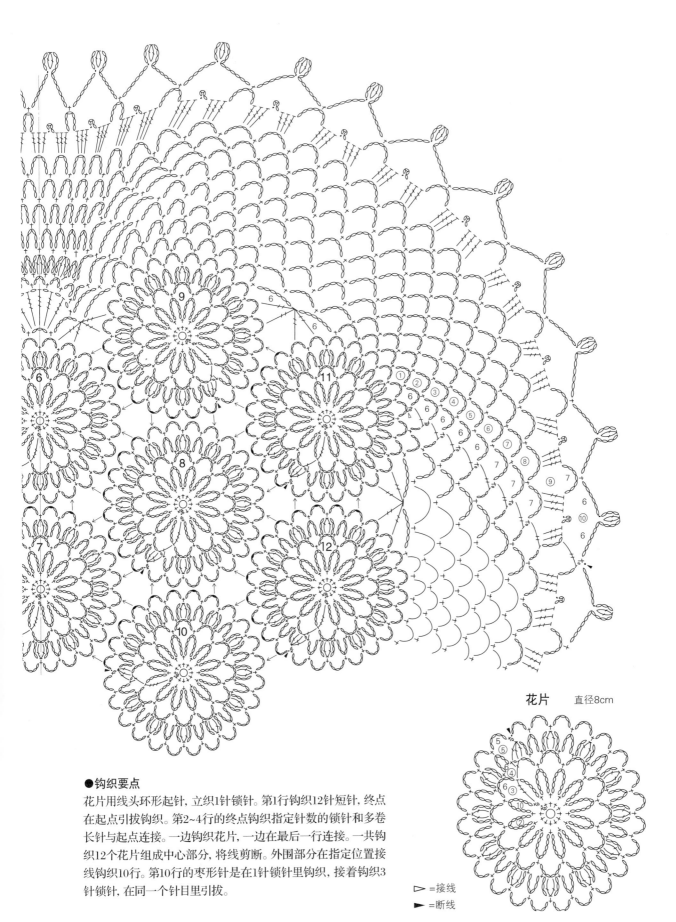

花片　直径8cm

●钩织要点

花片用线头环形起针，立织1针锁针。第1行钩织12针短针，终点
在起点引拔钩织。第2~4行的终点钩织指定针数的锁针和多卷
长针与起点连接。一边钩织花片，一边在最后一行连接。一共钩
织12个花片组成中心部分，将线剪断。外围部分在指定位置接
线钩织10行。第10行的枣形针是在1针锁针里钩织，接着钩织3
针锁针，在同一个针目里引拔。

▷=接线

▶=断线

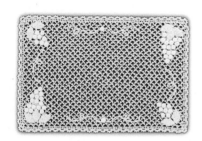

No.13
作品图 p.24

●材料和工具
使用线 奥林巴斯 Emmy Grande（Herbs）
象牙白色（800）120g/6团
蕾丝针 2号
●成品尺寸
42cm×62cm
●密度
10cm×10cm面积内：编织花样 5.2个花样，10行
●钩织要点
钩织各种花片。结束时，果实留出20cm长的线头，叶子和藤蔓留出50cm长的线头。果实用

线头环形起针，钩织2行短针（先不要收紧线环）。第3行包住第1、2行钩织短针，再收紧钩织起点的线环。叶子在锁针的半针和里山挑针，按短针和短针的棱针钩织。靠中心一侧跳过几行在下方挑针钩织，使其呈收拢的状态。藤蔓钩织22cm长的罗纹绳。主体部分锁针起针，在半针和里山挑针后，按编织花样钩织。参照图示挑取指定数量的方格钩织边缘。最后将各种花片缝在主体上。

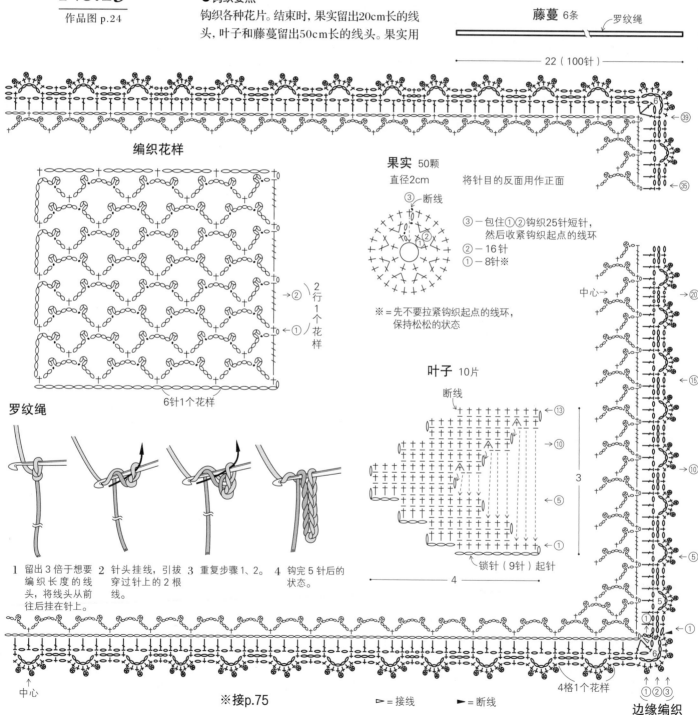

藤蔓 6条

罗纹绳

22（100针）

编织花样

2行1个花样

→②
←①

6针1个花样

罗纹绳

1 留出3倍于想要编织长度的线头，将线头从前往后挂在针上。
2 针头挂线，引拔穿过针上的2根线。
3 重复步骤1、2。
4 钩完5针后的状态。

果实 50颗
直径2cm
将针目的反面用作正面

③ 断线
③ 包住①②钩织25针短针，然后收紧钩织起点的线环
② 16针
① 8针※

※ = 先不要拉紧钩织起点的线环，保持松松的状态

叶子 10片

断线

3

4

锁针（9针）起针

4格1个花样

边缘编织

中心→

中心

※接p.75

▷ = 接线
► = 断线

74

● 材料和工具

使用线　奥林巴斯　Emmy Grande（Herbs）

象牙白色（800）110g/6团

蕾丝针　0号

● 成品尺寸

约27cm×49cm

● 钩织要点

钩织各种花片并做好线头处理。小花用线头环形起针后开始钩织。作为基底的第4、6行是将织片翻至反面钩织锁针和短针，其中短针钩织成正拉针。叶子在锁针的半针和里山挑针，另一侧在锁针的半针挑针，按短针和短针的棱针钩织。1朵小花、3片叶子为1组花片，一共

准备10组花片。浆果从花萼部分开始钩织。在起针锁针的半针和里山挑针，包住芯线钩织，终点将线剪断。将芯线的末端往回穿入短针后剪断。然后接线钩织果实部分。主体部分钩织带狗牙针的网格针，钩织成圆形。钩织边缘编织A的第1行，接着钩织花片连接位置外圈的锁针。将花片的排列图放大1.5倍，描到坯布等布料上。然后将花片疏缝固定在布料上，花片连在一起的部分预先缝合固定。空白处用带狗牙针的7针锁针的网格针进行连接。花片的大小可能因为钩织时松紧度的影响而有所差异，可以适当调整网格针。接着连同花片部分一起继续钩织3行边缘。

No.14

作品图 p.25

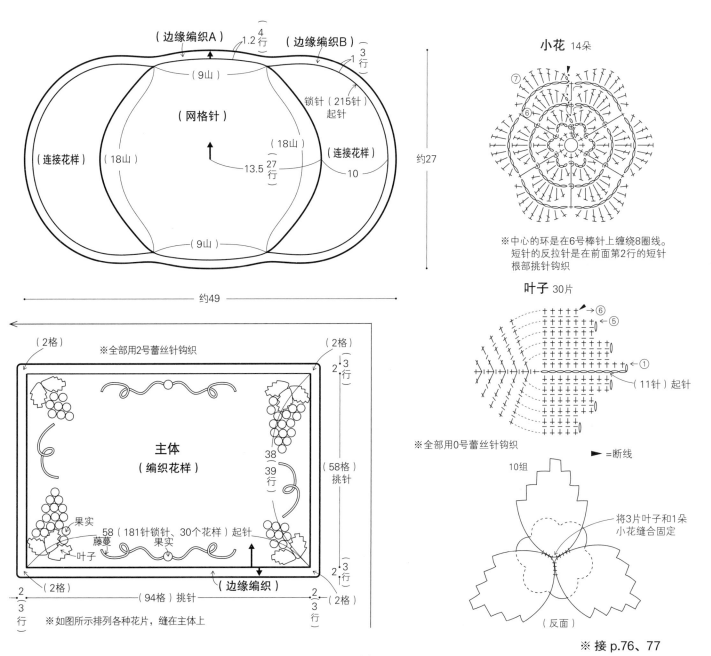

※ 接 p.76、77

No.14 浆果 4个

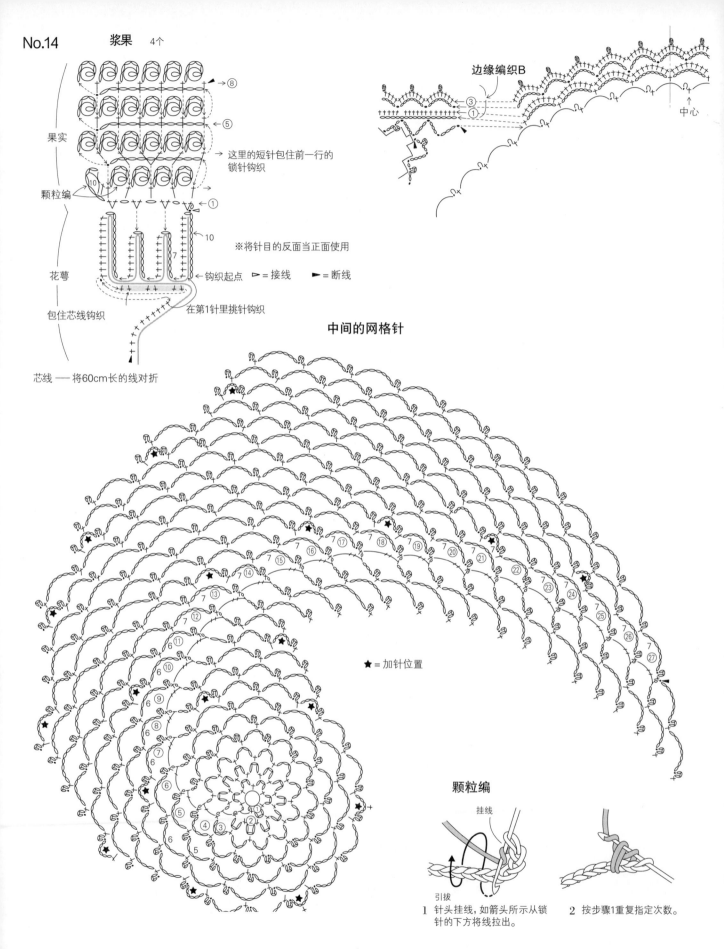

果实

颗粒编

花萼

这里的短针包住前一行的
锁针钩织

※将针目的反面当正面使用

⬭ = 接线 ▶ = 断线

包住芯线钩织

在第1针里挑针钩织

钩织起点

芯线 —— 将60cm长的线对折

边缘编织B

中心

中间的网格针

★ = 加针位置

颗粒编

挂线

引拔

1 针头挂线，如箭头所示从锁
针的下方将线拉出。

2 按步骤1重复指定次数。

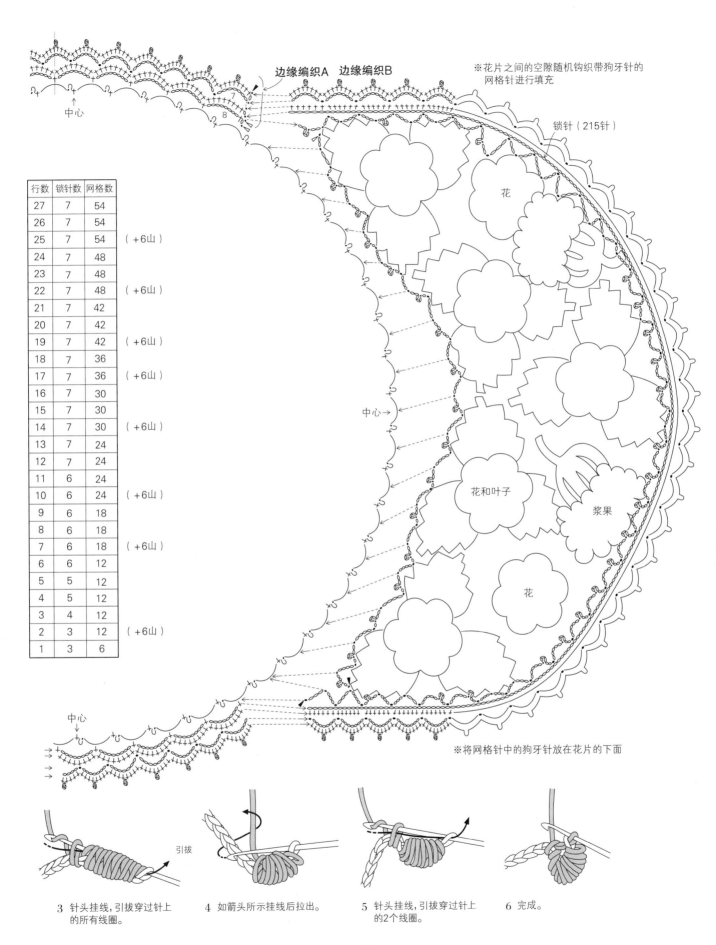

行数	锁针数	网格数	
27	7	54	
26	7	54	
25	7	54	（+6山）
24	7	48	
23	7	48	
22	7	48	（+6山）
21	7	42	
20	7	42	
19	7	42	（+6山）
18	7	36	
17	7	36	（+6山）
16	7	30	
15	7	30	
14	7	30	（+6山）
13	7	24	
12	7	24	
11	6	24	
10	6	24	（+6山）
9	6	18	
8	6	18	
7	6	18	（+6山）
6	6	12	
5	5	12	
4	5	12	
3	4	12	
2	3	12	（+6山）
1	3	6	

中心

边缘编织A　边缘编织B

※花片之间的空隙随机钩织带狗牙针的网格针进行填充

锁针（215针）

花

中心→

花和叶子

浆果

花

中心

※将网格针中的狗牙针放在花片的下面

3　针头挂线,引拔穿过针上的所有线圈。

引拔

4　如箭头所示挂线后拉出。

5　针头挂线,引拔穿过针上的2个线圈。

6　完成。

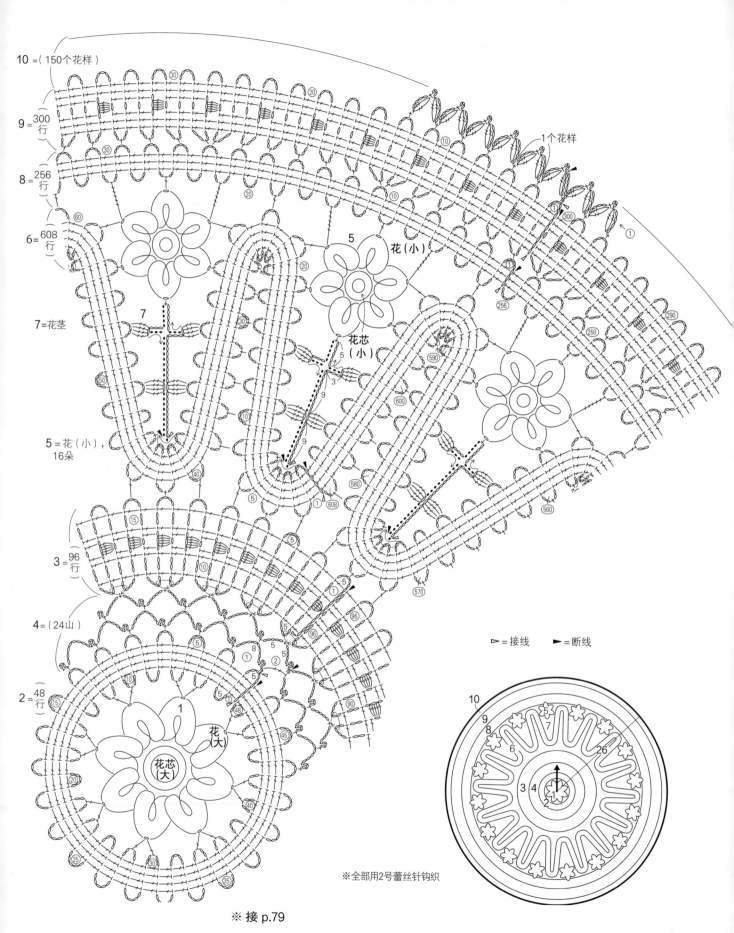

10 =（150个花样）

9 = 300行

8 = 256行

6 = 608行

7 = 花茎

5 = 花（小），16朵

3 = 96行

4 =（24山）

2 = 48行

花（小）

花芯（小）

花（大）

花芯（大）

1个花样

▷ = 接线　　► = 断线

※全部用2号蕾丝针钩织

※ 接 p.79

No.15

作品图 p.26

● 材料和工具

使用线　奥林巴斯　Emmy Grande（Herbs）

象牙白色（800）120g/6团

蕾丝针　2号

● 成品尺寸

直径52cm

● 钩织要点

每朵花的第2行钩织锁针制作线环，然后在线环上整段挑针钩织长针。再钩织花芯，缝在花朵的中心。分别处理好线头。按编号顺序一边钩织一边连接各部分。每条带子都是锁针起针后在里山挑针，终点与起点的锁针起针做前半针的卷针缝缝合。编号4的网格针在内、外侧都要与带子部分连接。编号6的带子要与编号3的带子以及编号5的小花连接。编号7的花茎要与编号6的带子以及编号5的小花连接。编号8和9的带子请参照图示连接，注意调整线环的数量。最后在周围钩织1行扇形边缘。2针长长针的枣形针是在短针根部的2根线里挑针钩织。

花（大）1朵

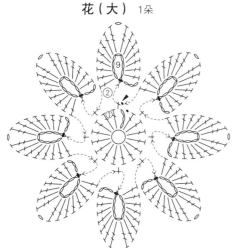

花芯（大）1个

留出30cm长的线头

18针

在直径9mm的棒针上

缠绕10圈线

9mm

从编号8上钩织编号9的挑针方法

（150山）9
（128山）8
5次　4次
重复2次

花（小）16朵

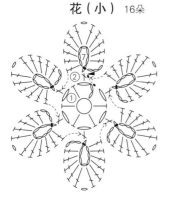

花芯（小）

留出30cm长的线头

12针

在直径5mm的棒针上

缠绕7圈线

5mm

接 p.80 的 No.19

方眼针两端的钩织方法

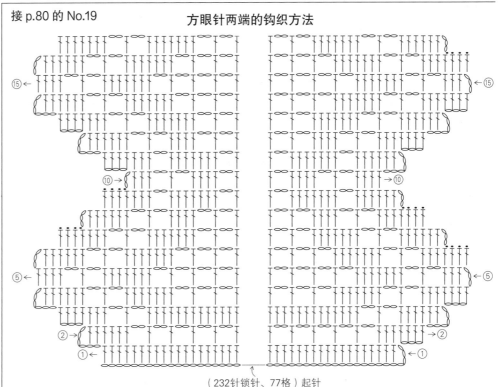

（232针锁针、77格）起针

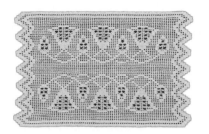

No.19
作品图 p.31

●材料和工具
使用线　奥林巴斯　Emmy Grande　米色
（731）110g/3团
蕾丝针　2号
●成品尺寸
39cm×61cm
●密度
10cm×10cm面积内：方眼针 13.5格，17.5行

●钩织要点
锁针起针，在锁针的里山挑针开始钩织。参照图示用方眼针钩织图案。长针是在前一行长针的头部2根线和里山1根线（共3根线）里挑针钩织。两端的锯齿形钩织加减针。终点侧的加针方法请参照p.91。钩织方眼针时，注意锁针部分和长针部分要保持高度一致。

方眼针的图案

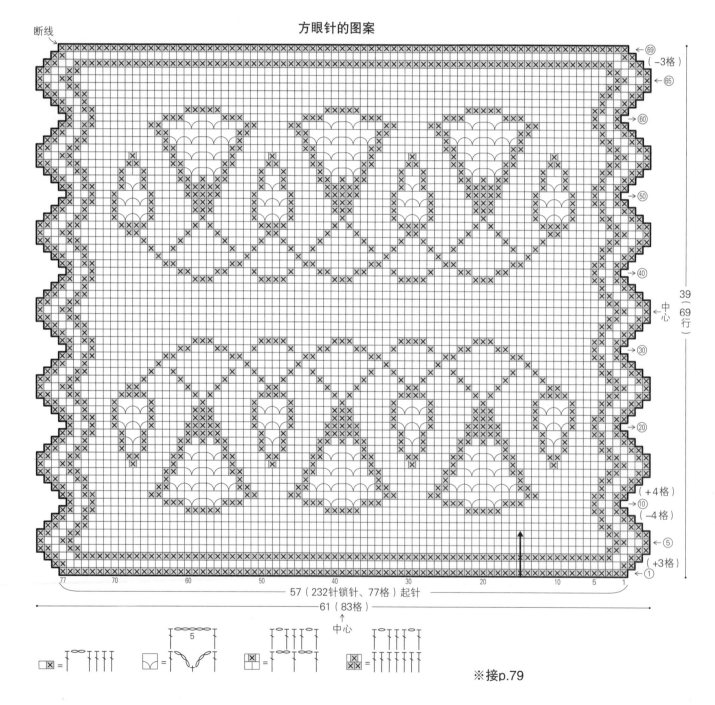

57（232针锁针、77格）起针

61（83格）

中心

※接p.79

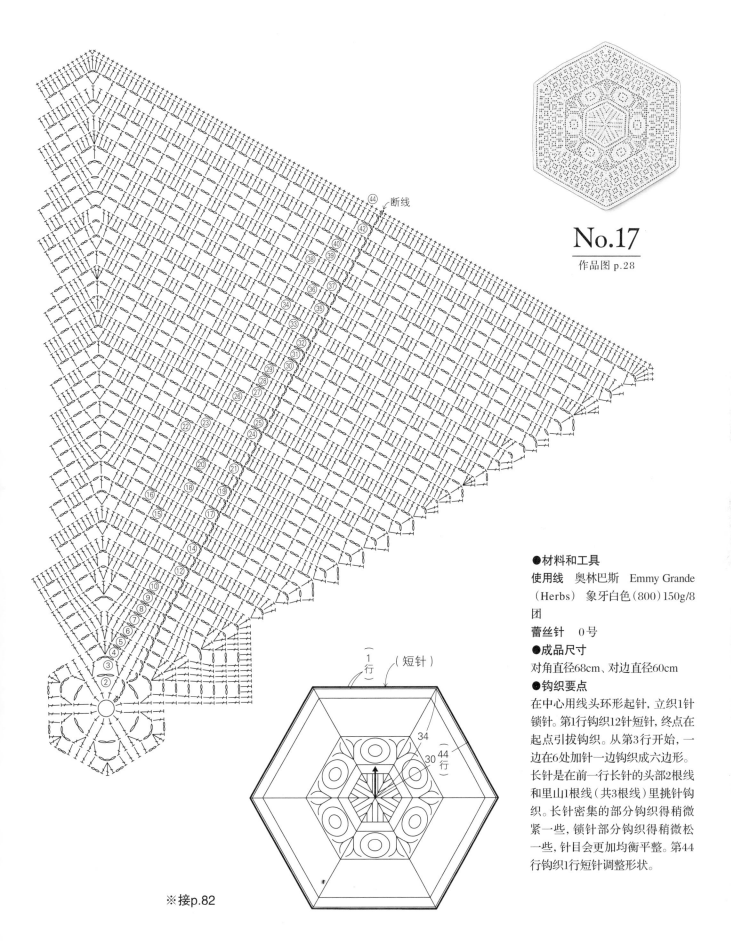

No.17

作品图 p.28

●材料和工具

使用线 奥林巴斯 Emmy Grande
（Herbs） 象牙白色（800）150g/8
团

蕾丝针 0号

●成品尺寸

对角直径68cm、对边直径60cm

●钩织要点

在中心用线头环形起针，立织1针
锁针。第1行钩织12针短针，终点在
起点引拔钩织。从第3行开始，一
边在6处加针一边钩织成六边形。
长针是在前一行长针的头部2根线
和里山1根线（共3根线）里挑针钩
织。长针密集的部分钩织得稍微
紧一些，锁针部分钩织得稍微松
一些，针目会更加均衡平整。第44
行钩织1行短针调整形状。

※接p.82

No.16

作品图 p.27

●材料和工具

使用线　奥林巴斯 Emmy Grande（Herbs）　灰米色（814）60g/3团

蕾丝针　2号

●成品尺寸

30cm×62cm

●钩织要点

每条带子都是锁针起针后在里山挑针开始钩织，终点与起点的锁针起针做前半针的卷针缝缝合。编号1的带子空出花片A的位置一边钩织一边连接。弧形的内侧在2个线环里一起挑针钩织第3个线环。在编号1的带子留出的空隙中钩织并连接花片A。编号3的带子是在编号1的带子上挑针钩织，最后引拔结束。在编号1和3的带子之间钩织并连接花片A。接下来，继续按编号顺序钩织并连接各部分。

接 p.81 的 No.17

方眼针的图案

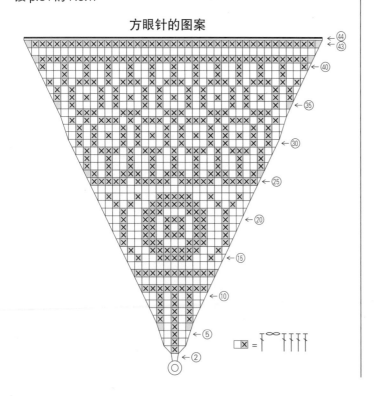

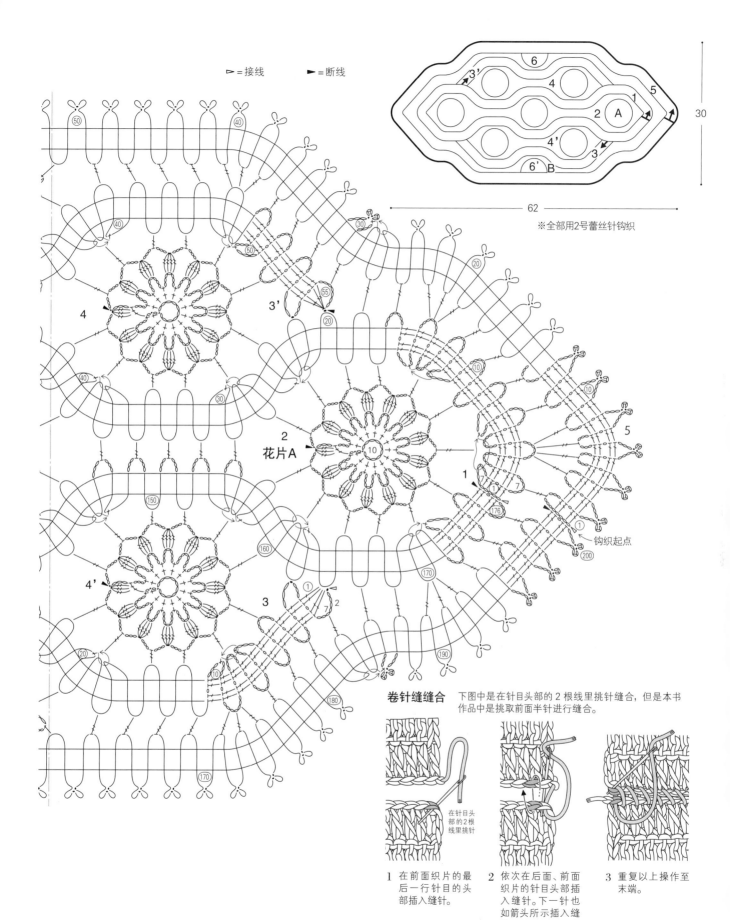

▷ =接线　　▶ =断线

※全部用2号蕾丝针钩织

6

3'

4

1　5

2　A

3

4'

6'　B

30

62

4

3'

花片A

2

4'

3

1　7

2

5

1　7

钩织起点

卷针缝缝合　下图中是在针目头部的2根线里挑针缝合，但是本书
作品中是挑取前面半针进行缝合。

在针目头
部的2根
线里挑针

1　在前面织片的最
　后一行针目的头
　部插入缝针。

2　依次在后面、前面
　织片的针目头部插
　入缝针。下一针也
　如箭头所示插入缝
　针。

3　重复以上操作至
　末端。

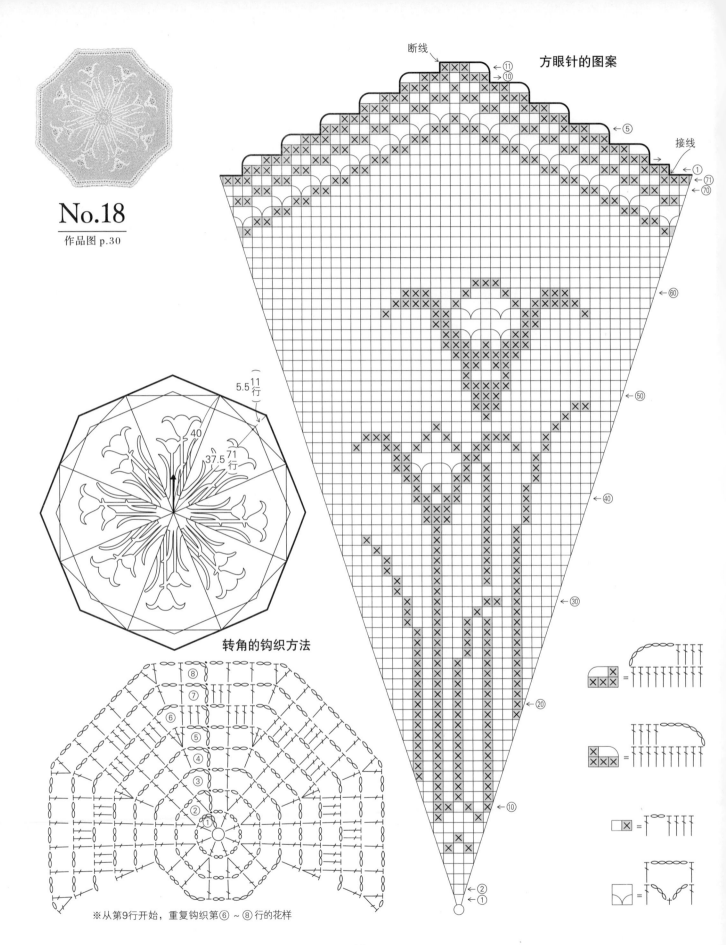

No.18

作品图 p.30

断线

方眼针的图案

接线

转角的钩织方法

※从第9行开始，重复钩织第⑥~⑧行的花样

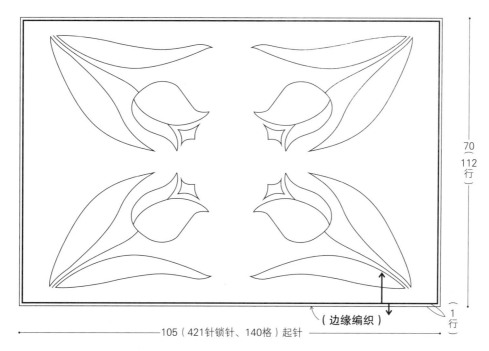

70（112行）

（边缘编织）

1行

105（421针锁针、140格）起针

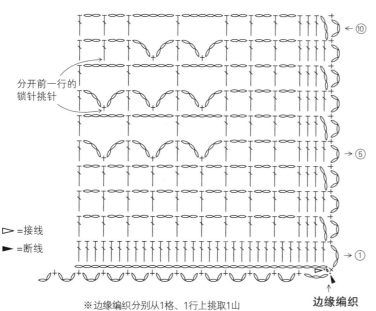

←⑩

分开前一行的锁针挑针

→⑤

→①

▷ =接线
► =断线

边缘编织

※边缘编织分别从1格、1行上挑取1山

 长针

方眼针的情况下,是在前一行针目的头部2根线和里山1根线（共3根线）里挑针钩织。

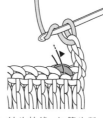

1 针头挂线,如箭头所示在前一行针目头部的2根线里插入钩针。

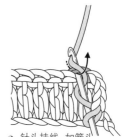

2 针头挂线,如箭头所示将线拉出。

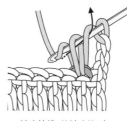

3 针头挂线,从针头的2个线圈中将线拉出。

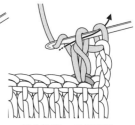

4 针头挂线,一次性引拔穿过针上剩下的2个线圈。

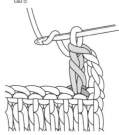

5 长针就完成了。接下来,重复步骤1~4。

●材料和工具

使用线　奥林巴斯 Emmy Grande 米白色（804）300g/6团

蕾丝针　2号

●成品尺寸

对角直径86cm、对边直径80cm

●钩织要点

在中心用线头环形起针,立织3针锁针。第

1行重复钩织7次"2针锁针、1针长针"。接着钩2针锁针,终点在起点引拔钩织。从第3行开始,一边在8处加针一边钩织成八边形。长针是在前一行长针的头部2根线和里山1根线（共3根线）里挑针钩织。长针密集的部分钩织得稍微紧一些,锁针部分钩织得稍微松一些,针目会更加均衡平整。外圈的每个角依次接线钩织。

No.23
作品图 p.33

● 材料和工具
使用线 奥林巴斯 Emmy Grande
原白色(851)340g/7团
蕾丝针 2号
● 成品尺寸
70cm×105cm
● 密度
10cm×10cm面积内:方眼针 13.3
格,16行
● 钩织要点
锁针起针,在锁针的半针和里山
挑针开始钩织。参照图示用方眼
针钩织图案。长针是在前一行长
针的头部2根线和里山1根线(共
3根线)里挑针钩织。钩织方眼针
时,注意锁针部分和长针部分要
保持高度一致。最后在周围钩织
边缘。

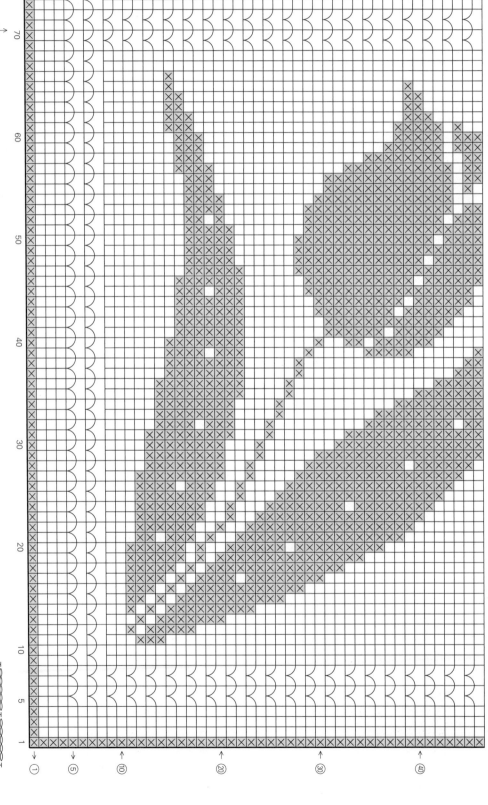

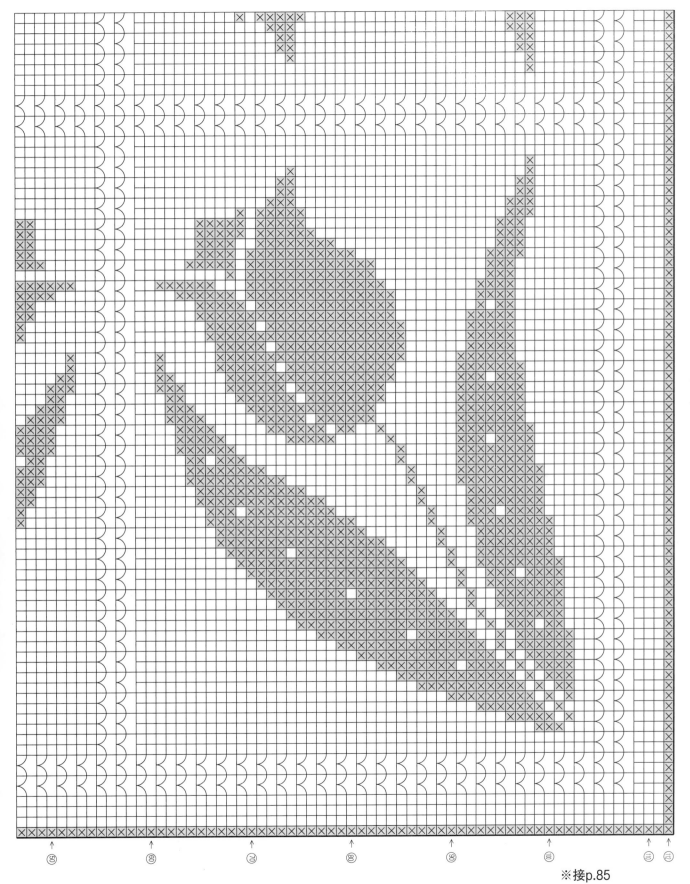

※接p.85

蕾丝钩织基础教程
Basic Techniques of Crochet Lace

起针

●锁针起针

1 将钩针放在线的后面，如箭头所示转动一圈。

2 将线绕在钩针上。

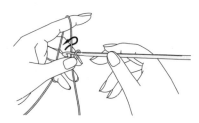

3 用左手的拇指和中指捏住线圈的交叉处，接着如箭头所示转动钩针挂线。

4 将线从线圈中拉出。

5 拉出线后的状态。

6 拉紧线头。最初的针目完成，此针不计入起针数。

7 如箭头所示在针头挂线。

8 将线从线圈中拉出。

◯ 锁针

9 重复"针头挂线，将线从线圈中拉出"。

10 钩完2针后的状态。

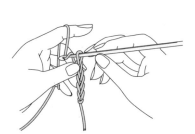

11 钩织所需针数。

12 钩完8针后的状态。

●锁针的正面与反面

锁针有正、反面之分。请确认锁针的里山。

8针锁针

・锁针的正面

・锁针的反面

锁针的里山

●从锁针的起针上挑针

根据织物的需要，可以在锁针的里山挑针，或者在锁针的半针和里山挑针钩织。

・**在锁针的里山（1根线）挑针**

先立织锁针，然后在锁针的里山挑针钩织第1行。

在里山挑针

・**在锁针的半针和里山挑针**

先立织锁针，然后在锁针的半针和里山挑针钩织第1行。

在锁针的上面半针和里山（2根线）挑针

●锁针起针后连接成环形的方法

1 钩织所需针数的锁针。

2 在起针的第1针锁针的外侧半针里插入钩针,针头挂线引拔。

3 锁针就连接成了环形。将线头移至左侧。

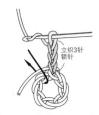

4 立织3针锁针。下一针在线环的空隙中插入钩针钩织(整段挑针)。

●用线头环形起针的方法

1 按锁针相同要领,将线绕在钩针上。

2 针头挂线,将线从线圈中拉出。

3 拉出线后的状态。

4 针头再次挂线后拉出。

5 最初的针目就完成了,此针不计为1针。接着在针头挂线后拉出。

6 这就是立织的1针锁针。先不要收紧线环。

·短针的情况

1 在线环中插入钩针。

2 挂线后拉出。针头再次挂线引拔。

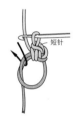

3 1针短针就完成了。钩入指定针数的短针。

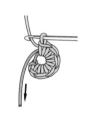

4 拉动线头,收紧线环。

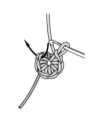

5 在起点的第1针短针的头部插入钩针。

6 针头挂线引拔。

7 第1行就完成了。

·长针的情况

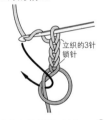

1 立织3针锁针。针头挂线,在线环中插入钩针。

2 针头挂线后拉出。

3 针头挂线,将线从针头的2个线圈中拉出。

4 针头再次挂线,引拔穿过针上的2个线圈。

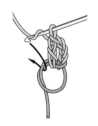

5 下一针也在线头制作的线环中钩织长针。

6 钩入指定针数的长针后,拉动线头收紧线环。

·在立织的锁针(长针)上挑针的方法

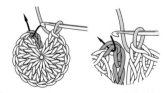

1 如箭头所示,在起点立织的锁针头部2根线里插入钩针。

2 针头挂线引拔。

3 第1行就完成了。

·在立织的锁针(方眼针)上挑针的方法

1 锁针的情况下,也如箭头所示在锁针正面的2根线里插入钩针。

2 针头挂线引拔。

爱尔兰蕾丝钩织技法

●加入芯线钩织的起针方法

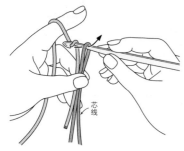

1 将芯线（与钩织用线相同）对折，在折叠处插入钩针，将钩织用线挂在针上拉出。

2 针头挂线引拔。

3 针头再次挂线引拔（立织的锁针）。

4 挑起1根芯线和线头，如箭头所示在针头挂线。

5 将线拉出后，针头挂线引拔。

6 1针短针完成后的状态。

7 从下一针开始，包住2根芯线以及线头钩织。

●环形起针

1 在指定粗细的棒针或棒状物体上缠绕指定圈数的线。

2 从棒状物体上取下线环，在线环中插入钩针将线拉出，再在针头挂线引拔。

3 引拔后的状态。

4 立织1针锁针，接着在线环中插入钩针将线拉出，钩织短针。

5 钩织所需针数。

●双层花瓣的钩织方法

1 钩织花瓣基底的行时，将织物翻至反面钩织。

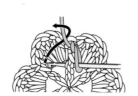

2 从前面入针挑起前2行的针目，钩织短针。

3 短针完成后的状态。

4 钩5针锁针，下一针也如箭头所示在前2行的针目里插入钩针。

5 钩织短针。

6 结束时在起点的短针头部2根线里插入钩针引拔。

7 翻回正面，将第2行的花瓣倒向前面，在基底的锁针上整段挑针，钩织第4行的花瓣。

8 第4行的1片花瓣完成后的状态。

方眼针的钩织方法

· 长针的挑针位置

方眼针的长针是在长针的头部2根线和下方的根部1根线（共3根线）里挑针钩织的。这样可以使纵向针目保持在一条线上，花样则会更加整齐美观。

●起点侧的加针

1 在起点侧加针时，先钩织所需针数的锁针。在锁针的里山插入钩针。

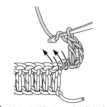

2 钩织长针。下一针也如箭头所示插入钩针钩织长针。

3 完成。

●终点侧的加针

1 针头挂线，如箭头所示在立织的锁针里插入钩针。

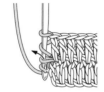

2 针头挂线后拉出，针头再次挂线，将线从最下方的线圈中拉出。

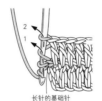

3 针头挂线，将线从下方的2个线圈中拉出。接着引拔穿过针上的2个线圈。

长针的基础针

4 钩织下一针时，针头挂线，在箭头所示位置插入钩针，重复步骤2、3。

在2根线里挑针钩织下一针

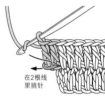

5 下一针也一样，针头挂线，在箭头所示位置插入钩针。

在2根线里挑针

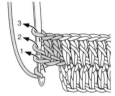

6 重复步骤2、3。

7 加了3针后的状态。

●起点侧的减针

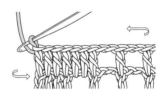

1 如箭头所示翻转织物重新拿好。

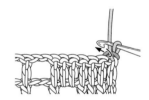

2 在第1针长针的头部2根线里插入钩针。

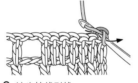

3 针头挂线引拔。

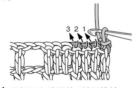

4 用相同方法再钩3针引拔针。

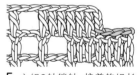

5 立织3针锁针，接着钩织长针。

花片的连接方法

●在长针的头部连接

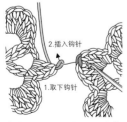

1 暂时取下钩针，从上方将钩针插入另一个花片的待连接针目中。接着在第2个花片的针目里插入钩针。

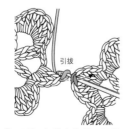

2 从第1个花片的针目里拉出第2个花片的针目。

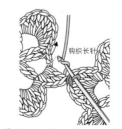

3 针头挂线，在锁针的空隙里插入钩针（整段挑针）。

4 钩织下一个长针。

5 完成。短针的情况也按相同要领连接。

●用引拔针连接

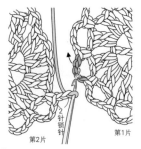

1 从上方将钩针插入第1个花片的锁针空隙里。

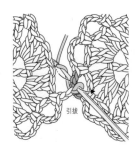

2 针头挂线引拔。

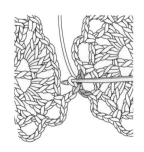

3 引拔后的状态。

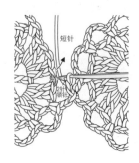

4 接着钩织锁针、短针。

●用引拔针连接4个花片

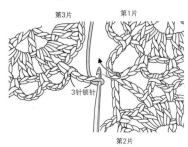

1 连接第3个花片时,在第2个花片引拔针目的根部2根线里插入钩针。

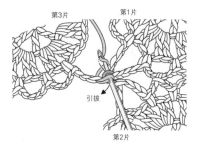

2 针头挂线引拔。

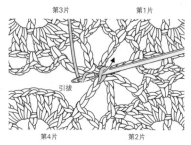

3 连接第4个花片时,也在第2个花片引拔针目的根部2根线里插入钩针,针头挂线引拔。

针法符号和钩织方法

针法符号是表示针目状态的符号,根据日本工业标准(Japanese Industrial Standards)制定。
一般取其首字母称之为"JIS符号"。
使用JIS符号的钩织图均表示"从织物正面看到的状态"。

● **引拔针**

本书中的符号　JIS符号

十（Ｘ）　**短针**

在前一行针目的头部2根线里插入钩针,针头挂线后拉出。

1 如箭头所示,在前一行右端的短针头部2根线里插入钩针。

2 针头挂线,如箭头所示将线拉出。

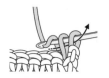

3 针头挂线,引拔穿过针上的2个线圈。

4 短针就完成了。接下来重复步骤1~3。

Ｔ　**中长针**

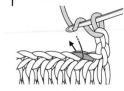

1 针头挂线,如箭头所示在前一行针目的头部2根线里插入钩针。

2 针头挂线,如箭头所示将线拉出。

3 针头挂线,引拔穿过针上的3个线圈。

4 中长针就完成了。接下来重复步骤1~3。

长长针

1 在钩针上绕2圈线,如箭头所示在前一行针目的头部2根线里插入钩针。

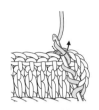

2 针头挂线,如箭头所示将线拉出。

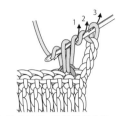

3 针头挂线,将线从针头的2个线圈中拉出(重复2次)。再次引拔,穿过刚才拉出的针目以及剩下的1个线圈。

4 长长针就完成了。接下来重复步骤1~3。

3卷长针

1 在钩针上绕3圈线,如箭头所示在前一行针目的头部2根线里插入钩针。

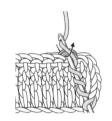

2 针头挂线后拉出。

3 针头挂线,将线从针头的2个线圈中拉出。

4 针头挂线,将线从刚才拉出的针目以及下一个线圈中拉出(重复2次)。再次引拔,穿过刚才拉出的针目以及剩下的1个线圈。

5 3卷长针就完成了。接下来重复步骤1~4。

4卷长针

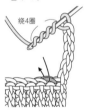

绕4圈

1 在钩针上绕4圈线,如箭头所示在前一行针目头部的2根线里插入钩针。

2 针头挂线后拉出。

3 针头挂线,将线从针头的2个线圈中拉出。

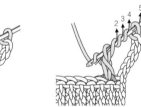

4 针头挂线,将线从刚才拉出的针目以及下一个线圈中拉出(重复3次),再次引拔,穿过刚才拉出的针目以及剩下的1个线圈。

5 4卷长针就完成了。接下来重复步骤1~4。

短针的棱针

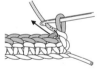

1 如箭头所示,在前一行短针头部的后面1根线里插入钩针。

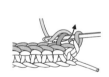

2 针头挂线,如箭头所示将线拉出。

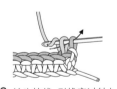

3 针头挂线,引拔穿过针上的2个线圈。

4 短针的棱针就完成了。下一针也在前一行短针头部的后面1根线里插入钩针钩织。

5 下一行也在前一行短针头部的后面1根线里插入钩针钩织。

长针的正拉针

1 针头挂线,如箭头所示在前一行长针的根部插入钩针。

2 针头挂线后拉出,松松地拉长一点。

3 针头挂线,将线从针头的2个线圈中拉出。

4 针头挂线,引拔穿过针上的2个线圈。

钩织长针

5 长针的正拉针就完成了。在下一针里钩织长针。

∨ 1针放2针短针

1 在前一行针目的头部2根线里钩织1针短针。

2 在同一个针目的头部2根线里再次插入钩针,针头挂线后拉出。

3 针头挂线,引拔穿过针上的2个线圈。

4 1针放2针短针就完成了。

∨ 1针放3针短针

1 在前一行针目的头部2根线里钩织2针短针。

2 在同一个针目的头部2根线里再次插入钩针,钩织1针短针。

3 1针放3针短针就完成了。

∨ 1针放3针长针

1 在锁针的里山插入钩针,钩织1针长针。接着针头挂线。

2 在同一个针目里钩织1针长针。针头挂线,在同一个针目里再次插入钩针,钩织第3针长针。

3 1针放3针长针就完成了。

◇ 1针放4针长针(中间有1针锁针)=贝壳针

1 在锁针的里山挑针,钩织2针长针。接着钩织1针锁针,针头挂线,在同一个针目里再次插入钩针。

2 钩织1针长针。在同一个针目里再钩织1针长针。

3 1针放4针长针就完成了。

◇ 1针放4针长针(整段挑针,中间有1针锁针)=贝壳针

1 针头挂线,在前一行锁针的下方空隙里插入钩针。

2 针头挂线后拉出。

3 钩1针长针。在同一个空隙里再钩1针长针。

4 钩1针锁针。

5 在同一个空隙里再钩2针长针。在1针锁针的空隙里整段挑针的1针放4针长针就完成了。

∧ 2针短针并1针

1 在前一行针目的头部2根线里插入钩针,挂线后拉出(未完成的短针)。

2 在下一个针目里也钩织未完成的短针。

3 针头挂线,一次性引拔穿过针上的3个线圈。

4 2针短针并1针就完成了。

∧ 3针短针并1针

1 钩2针未完成的短针。

2 在下一个针目里也钩织未完成的短针。接着针头挂线,一次性引拔穿过针上的4个线圈。

3 3针短针并1针就完成了。

∧ 2针长针并1针

1 在第1针锁针的里山插入钩针,钩织未完成的长针。接着针头挂线。

2 在第2针锁针里也钩织未完成的长针。针头挂线,一次性引拔穿过针上的3个线圈。

3 2针长针并1针就完成了。

2针长针并1针(整段挑针)

1 针头挂线,在前一行锁针的下方空隙里插入钩针,钩织未完成的长针。

2 再钩1针未完成的长针。针头挂线,一次性引拔穿过针上的3个线圈。

3 2针长针并1针就完成了。

∧ 3针长针并1针

1 依次在锁针的里山插入钩针,钩3针未完成的长针。

2 针头挂线,一次性引拔穿过针上的4个线圈。

3 3针长针并1针就完成了。

∧ 4针长针并1针

1 依次在前一行长针的头部插入钩针,钩4针未完成的长针。

2 针头挂线,一次性引拔穿过针上的5个线圈。

3 4针长针并1针就完成了。再钩1针锁针,针目就固定下来了。

3针长针的枣形针

1 在1针锁针的里山插入钩针，钩3针未完成的长针。

2 针头挂线，一次性引拔穿过针上的4个线圈。

3 3针长针的枣形针就完成了。

· **前一行是长针的情况**

在长针的头部2根线里挑针，钩3针未完成的长针，一次性引拔穿过针上的4个线圈。

 3针长针的枣形针（整段挑针）

1 针头挂线，在前一行锁针的下方空隙里插入钩针。

2 钩3针未完成的长针。

3 针头挂线，一次性引拔穿过针上的4个线圈。

4 3针长针的枣形针就完成了。

 5针长长针的爆米花针

1 钩5针长长针。暂时从针目上取下钩针，然后依次在第1针长长针的头部2根线和刚才取下的针目里插入钩针。将刚才取下的针目从第1针的头部拉出。

2 针头挂线引拔。

5针长针的爆米花针

1 钩5针长针。

2 暂时从针目上取下钩针，然后依次在第1针长针的头部2根线和刚才取下的针目里插入钩针。

3 将刚才取下的针目从第1针长针的头部拉出。

4 针头挂线引拔。

3针锁针的狗牙拉针

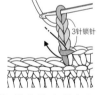

1 钩3针锁针，如箭头所示在短针头部的前面1根线和根部1根线里插入钩针。

2 针头挂线，一次性引拔穿过针的根部、头部、针上的针目。

3 3针锁针的狗牙拉针就完成了。接着钩织下一针。

4 狗牙拉针就固定下来了。

3针锁针的短针狗牙针

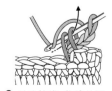

1 钩3针锁针，如箭头所示在短针头部的前面1根线和根部1根线里插入钩针。

2 插入钩针后的状态。

3 针头挂线，将线从短针的根部和头部拉出。

4 针头挂线，引拔穿过针头的2个线圈。

5 3针锁针的短针狗牙针就完成了。接着钩织下一针。

6 狗牙针就固定下来了。

SHINSOUBAN YUUGANA LACE AMI（NV70630）

Copyright ©NIHON VOGUE-SHA 2021 All rights reserved.

Photographers：Noriaki Moriya

Original Japanese edition published in Japan by NIHON VOGUE Corp.,

Simplified Chinese translation rights arranged with BEIJING BAOKU INTERNATIONAL CULTURAL DEVELOPMENT Co., Ltd.

严禁复制和出售（无论商店还是网店等任何途径）本书中的作品。

版权所有，翻印必究

备案号：豫著许可备字-2021-A-0123

图书在版编目（CIP）数据

32款优雅的家居蕾丝钩织 / 日本宝库社编著；蒋幼幼译. —郑州：河南科学技术出版社，2023.10

ISBN 978-7-5725-1310-7

Ⅰ. ①3… Ⅱ. ①日… ②蒋… Ⅲ. ①钩针-编织-图集 Ⅳ. ①TS935.521-64

中国国家版本馆CIP数据核字（2023）第168778号

出版发行：河南科学技术出版社

地址：郑州市郑东新区祥盛街27号　　邮编：450016

电话：（0371）65737028　　65788613

网址：www.hnstp.cn

责任编辑：刘　欣　刘　瑞

责任校对：王晓红

封面设计：张　伟

责任印制：张艳芳

印　　刷：北京盛通印刷股份有限公司

经　　销：全国新华书店

开　　本：889 mm×1 194 mm　1/16　印张：6　字数：170千字

版　　次：2023年10月第1版　　2023年10月第1次印刷

定　　价：49.00元

如发现印、装质量问题，影响阅读，请与出版社联系并调换。